U0150656

宋茶

李开周 著

四川文艺出版社

图书在版编目（CIP）数据

宋茶 / 李开周著. — 成都：四川文艺出版社，2022.11
ISBN 978-7-5411-6399-9

Ⅰ. ①宋… Ⅱ. ①李… Ⅲ. ①茶文化－中国－宋代
Ⅳ. ①TS971.21

中国版本图书馆CIP数据核字（2022）第169781号

SONGCHA

宋 茶

李开周　著

出 品 人　张庆宁
责任编辑　张亮亮
内文设计　史小燕
封面设计　叶　茂
责任校对　段　敏
责任印制　崔　娜

出版发行　四川文艺出版社（成都市锦江区三色路238号）
网　　址　www.scwys.com
电　　话　028-86361802（发行部）　　028-86361781（编辑部）

排　　版　四川最近文化传播有限公司
印　　刷　四川华龙印务有限公司
成品尺寸　145mm×210mm　　　　开　　本　32开
印　　张　7　　　　　　　　　　　字　　数　130千
版　　次　2022年11月第一版　　　印　　次　2022年11月第一次印刷
书　　号　ISBN 978-7-5411-6399-9
定　　价　58.00元

目 录

CONTENTS

我们为什么要喝宋茶

这颗星球上有一种神奇的植物，它的名字叫作"茶"。

茶，一不能充饥，二不能御寒，好像没什么用。可是当你着急上火的时候，一碗茶冲下去，火气就消了；当你抓耳挠腮的时候，一碗茶冲下去，灵感就来了。由此可见，茶是有灵性的，也是有神性的。

可惜庸夫俗子不懂得这个，就算懂了，也不一定能跟茶结缘。为啥？因为喝茶是需要条件的。首先你得填饱肚子，其次你得拥有闲暇，假如碰上兵荒马乱，连小命都保不住，哪还有工夫去喝茶啊！

以上这些话很朴实，很有见地，但不是我说的，而是宋徽宗赵佶说的，它是徽宗名作《大观茶论》里的一段序言。当然，徽宗说的是文言文，我把它转换成了白话文。

徽宗还说：

自从大宋立国以后，喝茶的好时代就来了。第一，天下好茶辈出；第二，人民安居乐业；第三，制茶工艺和品茶之道远远超过了此前的任何一个朝代。由于宋朝具备这三大优势，所以宋朝的茶人特别多，茶风特别兴盛，上至文武百官，下至平头百姓，几乎人人都喜欢喝茶。不光喝茶，宋朝还流行斗茶，几个书生凑到一块儿，拎起茶壶就比赛，比赛谁的茶汤最香醇，谁的茶具最精致，谁的手艺最高超。一个人如果不喝茶，一个读书人如果不藏茶，简直都不好意思出门。

我们听完宋徽宗这些话，然后再翻看宋朝人留下来的笔记、日记、书信、诗词、话本、戏曲，会发现他没有吹牛，他讲的都是事实。宋朝人过日子，无论是消愁解闷，还是走亲访友，无论是起房盖屋，还是谈婚论嫁，都离不开茶，以至于老百姓把素菜馆叫作"素分茶"，将小费称为"茶汤钱"，管日常饮食叫"茶饭"，并给酒店服务生取了一个相当高大上的名字——"茶饭量酒博士"。

茶风兴盛到这个地步，宋朝茶人自然免不了要骄傲一下了。

中国茶史上最出名的人物应该是陆羽吧？他是唐朝人，被尊为"茶圣"，自唐以降，世世代代的茶人都供他为祖师爷，可是宋朝人却不怎么把他放到眼里。

听听宋人如何评价陆羽吧。

北宋大臣蔡襄说：陆羽泡茶的时候，把水烧得咕嘟嘟冒泡，水泡的形状跟蟹眼似的，这种做法并不可取。水泡一旦大

如蟹眼，那水就老了，就不适合泡茶了。（蔡襄《茶录》）

宋仁宗时的进士黄儒说：假使陆羽起死回生，尝尝本朝新近推出的高级茶饼，体验一下那种绵柔醇厚的茶香，他一定会爽然若释，后悔自己早生了几百年。（黄儒《品茶要录》）

南宋评论家胡仔说：陆羽以懂茶自居，在《茶经》里列举了他所认为的许多款好茶，其实他哪里品尝过什么好茶呢？把《茶经》里的茶拿到本朝，充其量都是些档次不高的草茶而已。（胡仔《苕溪渔隐丛话》）

这些人之所以胆敢瞧不起陆羽，并不是因为他们比陆羽聪明，而是因为他们有幸生在了宋朝。宋朝的国力不一定比唐朝强盛，但是宋茶却一定比唐茶讲究得多，甚至比现代的茶都要讲究得多。

唐朝人喝茶，喝的是"煎茶"：把茶叶焙干，碾碎，筛成粉末，撒到锅里，咕嘟嘟烧开，喝那锅茶汤。这锅茶汤很香，但也很苦，简直像药汤。为了减少苦味，或者说为了压制苦味，唐朝人会往茶汤里放盐、放姜、放花椒、放胡椒、放核桃仁，结果又把药汤变成了菜汤。

现代人喝茶，喝的是"泡茶"：把茶叶放到茶壶或者茶杯里，用热水直接冲泡，泡好开喝，喝完把茶叶渣儿倒掉。跟唐朝的茶汤相比，现在的茶汤没那么苦，小口细品，舌底生津，回甘绵长，齿颊生香，就算苦，也是先苦后甜，就像世间所有的励志故事。

宋朝人喝茶，喝的是"点茶"。这个点茶的"点"，可不是下馆子点酒点菜哦，它是调制茶汤的一种方式：把茶叶蒸熟，漂洗，压榨，揉匀，放进模具，压成茶砖，再焙干，捣碎，碾成碎末，筛出茶粉，用茶匙将茶粉铲入茶盏，加水搅匀，打出厚沫，最后才能端起茶盏细细品尝。麻烦不？当然麻烦。好喝不？绝对好喝！因为宋朝的茶汤几乎完全没有了苦涩，只留下甘香厚滑的芳香。我们说宋茶讲究，指的就是这种不厌其烦的喝茶方式，以及这种甘香厚滑的奇妙口感。

说到不厌其烦，有的朋友可能会联想到日本抹茶。没错，日本抹茶跟宋茶非常相似，都需要蒸青，都需要磨粉，都是把茶粉放进茶盏，然后用热水调汤。但是抹茶比宋茶少了一道最关键的工序——做茶时没有经过压榨揉搓，叶绿素和茶多酚倒是没什么损失，可是却苦得很，所以日本人喝抹茶之前，一般都要吃一些甜点。

说到甘香厚滑，有的朋友可能还会想到英国红茶，或者想到泰国的拉茶。但是请大家注意，英国红茶和泰国拉茶之所以甘香厚滑，是因为加了牛奶，有时候还要加糖加咖啡，如果没有奶和糖的帮忙，它们的味道立马打折。而宋茶就不一样了，完全不需要别的东西，人家单枪匹马上阵，就能征服天下

抹茶偏绿，宋茶偏白

茶人。

如果大家不厌倦的话，那我还要继续夸宋茶。

宋茶真的非常好喝，同时又非常单纯。日本抹茶当然也单纯，但它偏苦，像卖火柴的小女孩；泰国拉茶当然也好喝，但它不单纯，像拍写真的外围女；唯独我们宋茶才能兼具甜美的口感与纯粹的茶香，它清新可喜，它玲珑透剔，它就像童话当中那位为七个小矮人收拾屋子的白雪公主。

除了好喝，宋茶的品相也相当可爱。

宋朝成品茶既不同于今天的绿茶，也不同于日本的抹茶，它是通过蒸青、碾磨和入模压制等复杂工艺制造而成的精美砖茶。现在当然也有砖茶，不过个头偏大，我在成都买过康砖，在赤壁买过花砖，最小的都有巴掌大小，重达一斤，而宋朝的砖茶呢？或"八饼重一斤"，或"二十饼重一斤"（欧阳修《归田录》），小巧轻便，一枚只重几十克或者十几克而已。现在的砖茶形状单一，要么方形，要么圆形，要么球形，而宋朝的砖茶却能呈现出扇形、环形、玉玦、玉圭、月牙、花瓣等复杂造型，砖茶表面还能压出游龙戏凤和五色彩云等吉祥图案。

宋朝人喝茶，讲究把茶汤打出厚厚的并且经久不散的泡沫，上层似雪白松软的云朵，下面像青黑幽静的深潭。令人拍案叫绝的是，宋朝茶道中还有一种名为"分茶"的绝活儿——

现代茶商仿制的大宋贡茶，大如象
棋，油光可鉴，正面印有龙凤图案

本书作者的分茶入门作品：
《黑雪》

"茶百戏"传承人章志峰的分茶
作品：《荷塘月色》

用茶匙、茶笕、竹枝、牙签直接在茶汤的泡沫上勾画图案。个别高手甚至不需要借助任何工具，仅仅凭借水流的冲击力，就能使茶汤表面浮现出千奇百怪的诗句和水墨画，比现代咖啡馆里的拉花表演更有技术含量，也更具中国传统山水之美。

好喝，好看，这就是我为什么要用这本书来向大家推荐宋茶的理由。

如果您本来就是爱茶之人，那么我建议您尝尝宋茶。您喝过红茶，喝过绿茶，喝过白茶，喝过黑茶，但您未必喝过宋茶。宋茶的做法跟现在的发酵茶和不发酵茶统统不一样，宋茶的味道也跟现在的功夫茶和瓶装绿茶差异很大，值得我们探索和尝试。

如果您并不喜欢喝茶，那我更要建议您尝尝宋茶。您原先不爱茶，或许是因为拒绝接受现代茶的味道，可是当您品尝到真正的宋茶以后，您将从此与茶两情相悦，誓不分离。

我的闲话到此打住，下面请您翻开正文，耐心阅读，一步一步接近宋茶。

瞧，这才是宋茶

第一章

开篇第一章，先请大伙认识宋茶。

宋茶长什么模样？是黑是白？是红是绿？是分散成一片一片的茶叶，还是紧压成一坨一坨的茶砖？如果我们把它强行拉入现代茶叶的分类系统，它究竟属于发酵茶还是不发酵茶？属于春茶还是秋茶？属于芽茶还是叶茶？属于炒青茶还是蒸青茶呢？

如果您解决了这些问题，那么您对宋茶就有了一个相对完整的初步认识，就会明白现代中国市面上出现的大多数"大宋贡茶"其实都不是宋茶，而是换了包装的现代茶。

宋朝只有绿茶

现代制茶工艺有"萎凋"和"发酵"两个环节。

把新鲜茶叶均匀摊开，适度搅拌，让阳光或空气带走一部分水分，使叶片从脆硬变得柔软，消减其青草气，激发其茶香味，此之谓"萎凋"。

萎凋过后，继续搅拌，使多酚类物质在酶的作用下生成茶黄素和茶红素类的成分，改变茶叶的色泽和风味，此之谓"发酵"。

按照萎凋和发酵的程度，我们可以给茶贴上绿茶、红茶、黄茶、白茶、黑茶、青茶等标签。

绿茶是不发酵茶，例如西湖的龙井、信阳的毛尖、日本的煎茶、台湾的三峡碧螺春。

红茶是全发酵茶，例如安徽的祁红、河南的信阳红、福建的金骏眉、四川的马边功夫、印度的大吉岭红茶。

青茶是半发酵茶，例如岩茶、铁观音、广东潮州的凤凰单枞、四川蒙顶的罗汉沉香、台湾南投的冻顶乌龙。

黑茶是后发酵茶，例如云南的普洱、陕西的茯茶、湖南的安化黑茶。

白茶跟绿茶一样同属于不发酵茶，但是做白茶需要长时间的萎凋，在萎凋过程中存在着轻度发酵，所以有时候我们又叫它"轻发酵茶"。

黄茶不需要进行专门的发酵和萎凋，生产工艺跟绿茶更为相似，但是它比绿茶多出来一道"闷黄"的工序：将杀青和揉捻后的茶叶包裹或者堆积起来，盖上湿布，促使茶坯在水热作用下进行非酶性的自动氧化。闷黄的时候自然也有发酵现象，所以黄茶也可以归类到"轻发酵茶"或者"微发酵茶"的行列中去。

按照上述分类，我认为宋茶只能是绿茶大家族当中的一员。为啥？第一，宋茶生产没有发酵环节；第二，宋茶也不需要经过萎凋。一不萎凋，二不发酵，这样的茶当然属于绿茶。

有的朋友可能会问：你怎么就敢断定宋朝制茶没有萎凋和发酵环节呢？

答案很简单，现今存世的所有涉及制茶工艺的宋朝文献都没有提到萎凋和发酵。相反的，像《大观茶论》《北苑别

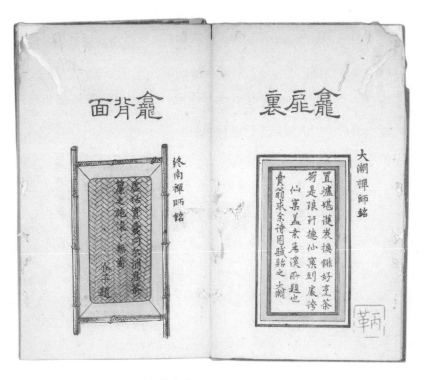

籠背面　終南禪師銘

籠扉裏　大潮禪師銘

置爐塘謹炭換鍤好烹茶
荷是琅玕德仙篁到處誇
仙篁蓋宗馮漢所題也
賣翁求余詩因賦貼之　大潮

庭活甫囊月余消且茶
簟之施滾　無審
仆予題

卖茶翁茶器图　木孔阳/编

录》《宣和北苑贡茶录》《吃茶养生记》《苕溪渔隐丛话》这些记载宋茶工艺的文献，倒一再强调制作宋茶要"朝采即蒸，即蒸即焙"，"使黄经宿，香味俱失"，意思就是当天采摘、当天杀青、当天烘焙、当天包装，一天之内就要把新鲜茶叶变成可以出厂的成品茶，如果等到第二天才做成，就会损失一部分茶香。按照这样的制茶速度，茶叶不可能萎凋和发酵，最后出炉的成品茶只能是绿茶。

宋朝白茶仍属于绿茶

研读过宋朝茶典的朋友可能还会质疑：宋徽宗《大观茶论》明确提到大宋贡茶中有一款非常高档的"白茶"，难道不是表明宋朝就有白茶了吗？你怎么说宋朝只有绿茶呢？

我必须向大家说明，宋徽宗笔下的"白茶"绝对不是现在的白茶。现在的白茶是一种轻微发酵茶，不蒸不炒，自然萎凋，晾晒至七八成干，再用文火慢慢烘焙即成。目前可供加工白茶的茶树品种很多，例如泉城红、泉城绿、福鼎大白、福鼎大毫、政和大白、福安大白，它们的鲜叶都能做成白茶。而宋徽宗笔下的白茶，却是通过蒸青、压黄、捣黄、过黄等独特工艺制造的一款极品贡茶，生产过程中根本没有萎凋程序，跟现在的白茶毫无共同之处。

在宋朝，可供制作白茶的茶树是非常稀少的，据宋茶文献

《北苑拾遗》记载，全国适合做白茶的茶树仅有六棵，叶片平直、半透明状，而且不能人工培植，所以茶农将这种茶树当成祥瑞来敬拜。

按宋子安《东溪试茶录》记载，宋朝的白茶又名"白叶茶"，实际上是一种相当罕见的茶树，因其茶芽及嫩叶像纸一样洁白而得名。在宋朝贡茶产地建安，官私茶园一千三百多座，出产白茶的茶园仅有叶姓、王姓、游姓等区区几家而已。

蔡襄于宋仁宗治平二年（1065）曾作《茶记》，详述白茶之稀缺："王家白茶闻于天下，其人名大诏①。白茶唯一株，岁可作五七饼，如五铢钱大。方其盛时，高视茶山，莫敢与之角，一饼直钱一千，非其亲故不可得也。终为园家以计枯其株。"建安茶农王大诏以生产白茶闻名天下，其实他们家茶园里只有一棵白茶，每年所产茶叶只够制作五枚到七枚像五铢钱一样精致的小茶砖，一枚能卖一千文铜钱，并且只有跟王大诏关系极好的亲戚朋友才有可能买得到。大概因为这个缘故，王大诏遭受其他茶农羡慕嫉妒恨，终于有一天，他那棵珍贵无比的白茶被人家偷偷地毁掉了。

由此可见，无论是加工方法，还是茶树品种，宋朝白茶都跟现在的白茶完全不是一个概念。大家读了这本书以后，

---

① 王大诏，建安民间茶园主人，宋子安《东溪试茶录》作"王大照"。

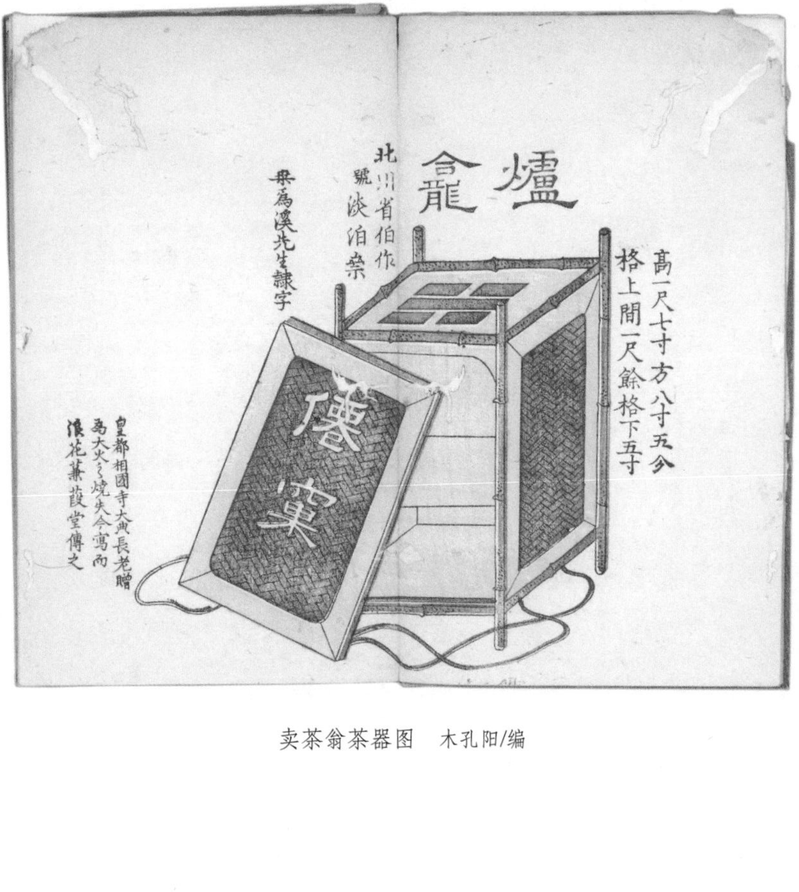
爐龕
高一尺七寸方八寸五分
格上間一尺餘格下五寸
北川省伯作
號淡泊桌
𥁕爲溪先生隸字
僊巢
皇都相國寺大典長老贈
爲大火〻燒失今寫而
浪花蒹葭堂傳之

卖茶翁茶器图　木孔阳/编

如果再看到市面上某款白茶吹嘘自己来自宋朝或者更为久远的朝代时，一定不要相信，因为宋朝白茶仅仅是凑巧被宋朝人叫作"白茶"而已，它其实是绿茶，一款特别稀缺特别名贵的绿茶。

宋茶都是蒸青茶

要做绿茶，必须杀青，也就是通过高温来蒸发新鲜茶叶的水分，破坏氧化酶的活性，使茶叶变软，便于揉捻成形，同时还能去除一部分青草气，促进茶香的形成。

杀青有三种方式：

一、晒青，把鲜叶放在阳光下照射；

二、炒青，把鲜叶放到热锅里翻炒；

三、蒸青，利用蒸汽来杀青，把茶叶蒸软，然后再进一步加工。

做白茶离不开晒青，做绿茶离不开炒青和蒸青。我们中国的绿茶绝大多数都是通过炒青制成的，而日本的绿茶则主要依靠蒸青方式制成。

前面说过，宋朝只有绿茶，那么宋朝人做绿茶究竟是靠蒸青还是靠炒青呢？

答案是蒸青。

黄儒《品茶要录》记载："既采而蒸，既蒸而研。"徽宗《大观茶论》记载："蒸而未及压，压而未及研。"赵汝砺《北苑别录》记载："每日采茶，蒸榨以过黄。"荣西《吃茶养生记》记载："朝采即蒸。"宋子安《东溪试茶录》记载："蒸之必香，火之必良。……蒸芽必熟，去膏必尽。"谢肇淛《五杂俎》记载："宋初团茶，多用名香杂之，蒸以成饼。"以上所有论述宋茶工艺的典籍，无论是中国写的还是日本人写的，无论是宋朝人写的还是明朝人写的，都明确提到宋茶的杀青方式是蒸青而非炒青。

古代中国并不是没有蒸青之外的其他杀青方式。

据元朝马端临《文献统考》："茗有片有散，片者即龙团旧法，散者则不蒸而干之，如今之茶也。"元朝成品茶分为两种，一种是砖茶（即引文中的"片茶"），一种是散茶。做砖茶需要蒸青，做散茶则"不蒸而干之"。不蒸而干，说明元朝人做散茶已经不需要蒸青了。

再看明朝人谢肇淛《五杂俎》怎样记载明朝制茶："古人造茶，多春令细末而蒸之……揉而焙之，则自本朝始也。"什

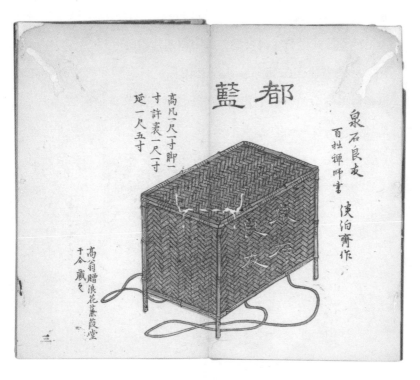

都藍

高凡一尺一寸脚一
寸許表一尺一寸
延一尺五寸

泉石良友
百拙禅師書　使泊斎作

高翁贈浪花薫葭堂
于今蔵之

三

卖茶翁茶器图　木孔阳/编

么是"揉而焙之"？当然是炒青嘛！另一位明朝人顾元庆在其著作《茶谱》中更加明确地写道："炒焙适中，盛贮如法。"炒青的火力要适中，贮茶的方法要得当。由此可见，我们中国人用炒青方式做茶，很可能是从明朝才开始的。

可是为什么宋朝那会儿没有炒青，只有蒸青呢？这是个很有意思的话题，这里先卖个关子，留待后文详细探讨。

日本抹茶、台湾奶茶和宋茶的区别

用同一种原料来做茶，杀青方式不同，茶的风味会区别很大。一般而言，炒青茶口感鲜爽，但茶香不浓；蒸青茶味道醇厚，但口感苦涩。您要是不信，对比一下西湖龙井和日本煎茶就知道了。

中国是茶的故乡，全世界的茶都源出中国，日本煎茶当然也不例外。

日本煎茶属于绿茶，典型的蒸青绿茶。生产这种绿茶的基本流程是这样的：采摘、蒸青、揉捻、烘焙。总共四个环节，除了蒸青这一环节跟中国绝大多数绿茶不一样，其他都一样。当然，您也可以说日本煎茶主要选用茶树顶端的鲜嫩茶芽，用料比中国绿茶更讲究。但您说的只是原料控制和质量管理，跟生产工艺无关。

日本还有一种选料更精、质量更高的蒸青绿茶，也就是大名鼎鼎的抹茶。生产抹茶的基本工艺跟煎茶相似，但是在烘焙之后又加了一道碾磨环节，将蒸青烘焙的茶叶碾磨成细细的抹茶粉。饮用的时候，将抹茶粉铲入茶盏，分批冲入热水，用茶筅快速搅动，调成一碗绿色的茶汤。

很多朋友都认为，日本茶就是中国古茶的翻版，特别是唐茶和宋茶的翻版，如果想了解唐宋古茶的味道，去日本尝尝煎茶和抹茶就可以了。其实大谬不然。

在唐宋两朝，成品茶的基本形态跟今天没有区别，无非就是两大类别：一类是一片一片分散开来的散茶（宋朝称之为"草茶"），一类是紧压成某种造型的团茶（宋朝称之为"片茶"，即现代人常说的砖茶）。这两类成品茶都是蒸青绿茶，但其生产工艺和饮用方式跟日本茶颇有不同。

就拿煎茶来说吧，日本人的喝法是冲泡，就像我们中国人喝炒青绿茶一样。而唐朝人喝煎茶（草茶），是把茶叶放进沸水锅里稍煮一会儿，加入少量的盐、姜以及其他作料。如唐朝薛能《茶诗》云："盐损添常戒，姜宜煮更黄。"离开了盐和姜，就不是正宗的唐茶了，至少不是主流的唐茶。

进入宋朝，在主流茶界，煮茶完全演变成了点茶。宋朝人将散茶碾磨成粉，将砖茶碾磨成粉，放在碗底，冲入热水，搅拌敲击，打成茶汤，跟日本人喝抹茶的方法很像。但是

宋朝人做砖茶可比日本人做抹茶麻烦多了：必须将蒸青过后的茶叶反复漂洗，反复压榨，尽可能多地榨出苦汁，再把榨过的茶叶捣成茶泥，然后才能入模成型、入笼烘焙。抹茶讲究的是绿色纯天然，营养成分不能流失，你让日本人做茶时榨去茶汁，他们才舍不得呢！

由于宋朝砖茶在生产过程中榨去了苦汁，所以它不像日本抹茶那样苦涩。同时由于宋朝团茶在生产过程中丢失了大量的叶绿素，所以调出的茶汤并不绿，而是泛出青黄、暗黄、青白、黄白或者像牛奶一样的乳白色。跟越绿越上品的抹茶相比，这又是宋茶的一大特色。

用上等宋茶调出的茶汤口感轻柔，上层是乳白色的泡沫，很像不加咖啡的台湾奶茶。不过台湾奶茶的轻柔口感和乳白泡沫来自牛奶，而宋茶则完全是凭借优质的茶粉和高超的技巧击打出来的。

众所周知，台湾奶茶又以"珍珠奶茶"最为出名，珍珠奶茶除了牛奶，还有用木薯淀粉为主要原料精制而成的"珍珠"（粉圆）。奶茶甘香，珍珠糯滑，美妙的味道和奇特的口感层层叠加，别有一番风味。珍珠奶茶由现代人发明，当然更不属于宋茶的范畴，但是非常有趣的是，最初发明这种茶的创始者"春水堂"却是从宋朝茶馆中得到了灵感——按《梦粱录》记载，南宋杭州茶馆"四时卖奇茶异汤，冬月添卖七宝擂茶、馓子、葱茶，或卖盐豉汤，暑天添卖雪泡梅花酒"。

"七宝擂茶"是将芝麻、核桃等多种食材擂碎，与茶粉一起冲点成汤；"葱茶"与"雪泡梅花酒"的配方不得而知，但既以"葱""雪泡""梅花"为名，说明茶汤里除了茶，必然还有其他配料。特别是"雪泡"一词，很容易让人联想起珍珠奶茶店里那种用白糖、淀粉与奶精合成的雪泡粉，加入冰块，在雪克壶里摇起来，往杯里一倒，泡沫层叠，卷起千堆雪。

宋朝很可能没有花茶

很多女孩子不喜欢喝绿茶，只喜欢喝花茶，例如茉莉茶、玉兰茶、菊花茶、玫瑰茶……这些花茶色泽鲜艳，香味浓郁，据说还有排毒养颜的功效，所以成为女生的最爱。

我们通常说的花茶，并不是拿花瓣做成的茶，而是吸收了花香的茶。比如说，把炒青后的毛茶跟茉莉花的花苞堆在一起，让茶叶吸收茉莉的香气，然后筛走茉莉，烘干茶叶，就可以做成茉莉茶；如果将毛茶跟桂花堆在一起，又可以做成桂花茶。当然，现在很多款花茶里是可以见到花瓣或花苞的，那是为了起到点缀和增香的作用。归根结底，花不是主角，茶才是主角。

花茶是古代中国人发明的，我们在明朝茶典中可以见到当时喝花茶和加工花茶的记载。例如明太祖朱元璋的儿子朱权在其著

钟母子

士新所贈

高四寸許

茶碗二品今
浪花 花月庵藏

尚品共
浪花 葉阪堂藏

卖茶翁茶器图　木孔阳/编

作《茶谱》①中写道："今人以果品为换茶，莫若梅、桂、茉莉三花最佳。可将蓓蕾数枚投于瓯内罨之，少顷其花自开，瓯未至唇，香气盈鼻矣。"直接将梅花、桂花或者茉莉花的花苞投放到茶杯里，冲入茶水，花苞缓缓绽放，花香会浸入茶汤。

朱权又写道："百花有香者皆可。当花盛开时，以纸糊竹笼两隔，上层置茶，下层置花，宜密封固，经宿开，换旧花，如此数日，其茶自有香气可爱。"他的意思是说，所有蕴含芳香气味的花都可以拿来做花茶。百花盛开的时候，用竹子编扎一个双层的笼子，上层放茶，下层放花，外面用纸糊严，每天定时把开败的花朵取出来，再放入新鲜的花朵，如此这般好几天，竹笼上层的茶叶自然就被熏入了花香。

我们可以断定，明朝已有花茶，这一点没什么可怀疑的。可是有的学者为了表现中国花茶之源远流长，竟然说花茶源于宋朝，这个说法就有些站不住脚了。

不瞒大家说，身为宋朝饮食文化的铁杆粉丝，我非常希望能在文献里找到宋朝人加工花茶的证据。可是我用五年时间研读了国内残存的所有宋朝茶典，以及跟宋茶有关的所有笔记、诗词、话本、戏曲，都没能发现花茶的踪迹。

没有发现不代表一定没有，我只能说宋朝很可能没有花茶。

---

① 明朝有两部《茶谱》，一部是顾元庆所写，一部是朱权所写，两书同名，内容各异。

假如将来有新的文献或者考古成果问世，证明宋朝确实有花茶，那会让人很开心的。

现代学者之所以断言花茶源于宋朝，其依据是蔡襄《茶录》里的一句话："茶有真香，而入贡者微以龙脑和膏，欲助其香。"茶有自然的香味，真正的茶香是不可替代的，可是进贡新茶的人为了增添茶香，在做茶之时掺入了少量的龙脑。

"龙脑"是什么东西呢？其实就是龙脑香木的树脂和挥发油，又叫"龙脑香"，俗称"龙脑子"，在宋朝简称"脑子"，属于名贵香料的一种。宋朝人加工高档茶，有时候确实会用一些香料来增香。不独用龙脑，还会用到麝香、檀香、豆蔻、甘草、糯米……但是无论用什么香料，做出来的都不是花茶。按照现代茶叶的分类，我们只能把这些掺了香料的宋茶归类到"调味茶"的行列中去。

大宋贡茶以春茶和芽茶为主

现代茶有很多分类方式。

如果按采摘季节分类，有春茶、有夏茶、有秋茶，还有冬茶。

如果按茶叶采摘时的生长形态分类，又可以分成叶茶和芽茶：用已经舒展开的茶叶做的茶为"叶茶"，用尚未舒展开的茶叶做的茶为"芽茶"。

从现有文献的记载来看，宋朝既有芽茶，也有叶茶，既有春茶，也有夏茶和秋茶，甚至在北宋末年还出现了冬茶。例如蔡京的儿子蔡绦说过："茶茁其芽，贵在于社前则已进御，自是迤逦。宣和间，皆占冬至而尝新茗，是率人力为之，反不近自然矣。"①

---

① 蔡绦：《铁围山丛谈》卷六，清《知不足斋丛书》本。

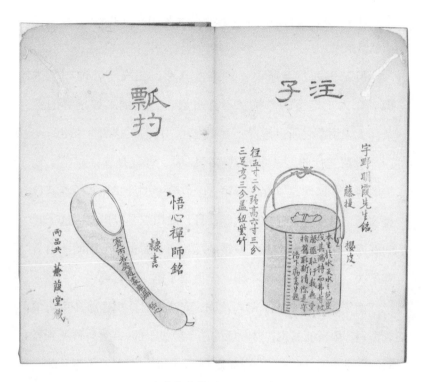

瓢杓

注子

宇野明霞先生銘

藤提　櫻皮

往五寸二分腰高六寸三分
三足高三分蓋紐紫竹

悟心禪師銘

隸書

両品共　蕉葉堂蔵

卖茶翁茶器图　木孔阳/编

往年进贡新茶，都是用早春萌发的茶芽制造，后来福建转运使为了讨宋徽宗的欢心，冬天用暖房把茶树保护起来，使本该休眠的茶树在十冬腊月抽出新芽，再用这些冬芽制成贡茶，赶在冬至之前献给徽宗。

但是正如蔡绦所说："茶苗其芽，贵在于社前则已进御。"人工培植的冬茶"不近自然"，反倒不如早春的芽茶，大宋贡茶之所以珍贵，就是贵在"社前"这两个字上。

所谓"社前"，指的是春社以前。春社是春天祭祀土地神的节日，时间是立春之后第五个戊日。例如2016年的春社日是农历二月初九，2017年的春社日是农历二月二十五，这个时间春寒料峭，即便在地气温暖的福建，茶树也就是刚刚抽出新芽不久，而宋朝的皇家茶园已经做出了第一批贡茶。

南宋有一位皇族子弟赵汝砺，宋孝宗时任福建路转运司主管账司，相当于福建省财政厅的一个处级干部。此人曾被派到当时的皇家茶园"北苑"主持贡茶生产，据他介绍："头纲用社前三日，进发或稍迟，亦不过社后三日。"[①] 每年第一批贡茶一般在春社前三天出焙，如果某年春天气温回升太慢，或者起运之时出了差错，最迟也不能晚于春社后三天，就必须把头批贡茶运往京城。

头批贡茶过后，依次起运第二批、第三批、第四批……截

---

① 赵汝砺：《北苑别录》，清《读画斋丛书》本。

至谷雨时节，已经是最后一批贡茶了，因为谷雨一过，茶树的顶芽基本上完全舒展开来（俗称"开面"），芽茶成了叶茶，开始变得苦涩，不再适合制造贡茶了，所以宋朝贡茶主要是用春茶和芽茶制成的。

我们现代人做绿茶，有"明前茶"，有"雨前茶"，前者在清明前采摘，后者在谷雨前采摘，品质都很不错。但是很少有人舍得在春社以前采摘"社前茶"，因为那时候刚刚萌发茶芽，茶叶太嫩，产量太低，成本太高，做出来的成品茶过于昂贵，茶香也并不突出。

宋朝人为啥要用社前茶做贡茶呢？

第一，那是贡茶，无须考虑成本。

第二，宋朝茶人有这样一种认识：芽茶胜过叶茶，嫩茶胜过老茶，新茶胜过陈茶①，茶叶越是细嫩，其成品茶就越高档。

第三，宋朝茶界有这样一种偏好：一款茶好不好喝，首先要看是否尚有苦涩成分，如果茶汤苦涩，哪怕回甘迅猛，后味绵长，也算不上好茶。为了满足这一偏好，宋朝人不惜牺牲一部分茶香，用口感并不醇厚、香气并不浓烈的早春茶芽来加工清甜适口的高级贡茶。

---

① 蔡襄《茶录》："茶或经年，则香色味皆陈。"新茶存放超过一年，其茶香、茶色与茶味均将逊色。唐庚《斗茶记》："吾闻茶不问团铤，要之贵新。"无论是小团茶还是长条形的砖茶，都是越新越好。

宋茶有三等：草茶、片茶和蜡茶

说到这里，大家对宋茶应有如下印象：

第一，它是绿茶，不是红茶、黑茶、黄茶、白茶、乌龙茶，也不是花茶。

第二，它是蒸青茶，不是晒青茶和炒青茶。

第三，它以春茶为主，也有少量冬茶，但其高档茶则全是春茶。

第四，它并不等于日本抹茶，因其生产工艺和茶汤表现跟抹茶有明显区别。

第五，它也不等于台湾奶茶。

简单说，采摘早春时节没有舒展的顶芽，蒸软，漂洗，榨去苦汁，入模紧压，然后烘干，我们就能得到正宗的宋茶。

但是并非所有的宋茶都要这样加工。

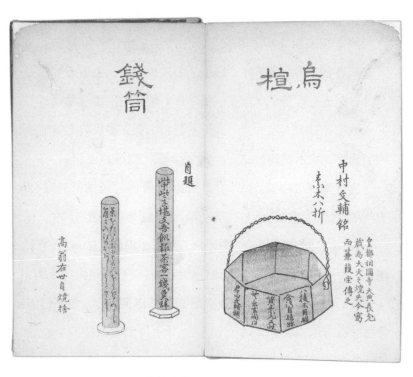

錢筒　　烏檀

卖茶翁茶器图　木孔阳/编

据《宋史·食货志》："茶有二类，曰片茶，曰散茶，片茶蒸造，实棬模①中串之。"可见宋茶既包括入模紧压的片茶（砖茶），也包括一片一片的散茶。

散茶在宋朝又叫"草茶"，生产工艺比片茶简单多了，只有蒸青和烘焙两道工序，既不需要入模紧压，也不需要榨去苦汁，制造过程跟日本煎茶一模一样。可是它的饮用方式却不同于煎茶：日本人用冲泡方式喝煎茶，宋朝人喝草茶之前则要碾磨成粉，加水调汤，这一点倒跟抹茶非常接近。

因为散茶加工起来简单，所以售价比片茶便宜。《宋史·食货志》有载："片茶自十七钱至九百一十七钱，有六十五等；散茶自十五钱至一百二十一钱，有一百九十等。"片茶分为65个等级，最低等级17文一斤，最高等级917文一斤；散茶分为190个等级，最低等级15文一斤，最高等级才121文一斤。

片茶也有高低贵贱之分，高档片茶叫作"蜡茶"，比普通片茶要贵得多："鬻蜡茶，斤自四十七钱至四百二十钱，有十二等。"②宋朝官方将市面上的腊茶分为12个等级，最低等级47文一斤，最高等级420文一斤。

---

① "棬模"是宋朝工匠制造茶砖的一整套模具，又名"圈模"，其具体形状在本书《做茶》一章有详细介绍。

② 《宋史·食货志》。

蜡茶其实也是片茶，但是这种片茶选料更精，生产环节更多，常常还要掺入龙脑、麝香等名贵香料，使茶砖表面形成一层薄薄的油光，好像打了蜡一样，故名"蜡茶"，讹称"腊茶"。

由于使用名贵香料的缘故，当使用同级毛茶做茶的时候，做蜡茶当然比做片茶的成本高，但是懂茶的宋朝士大夫却并不喜欢蜡茶。苏东坡诗云："要知玉雪心肠好，不是膏油首面新。戏作小诗君一笑，从来佳茗似佳人。"这首诗意思是说，真正的好茶就像是真正的美女，她应该天生丽质、表里如一，而无须通过涂抹脂粉来伪造颜值。

茶的香味与众不同，是香料的味道所不可替代的，制作贡茶的工匠唯恐茶不够香，又掺入龙脑等香料，这种做法实在是画蛇添足，弄巧成拙。

比黄金还贵的极品宋茶

前面说过，最高等级的蜡茶每斤才卖420文，似乎并不昂贵。拙著《君子爱财：历史名人的经济生活》考证过大宋铜钱的常年购买力，一文铜钱折合人民币不过5毛钱左右，420文无非210元，拿这点钱就能在宋朝购买一斤高档茶，便宜得很嘛！

不过《宋史·食货志》透露的茶价仅仅是政府的专卖价，仅仅是国营茶场对民间茶商的批发价，当这些茶最终卖到消费者手里的时候，价格会翻上好几倍的。

另外我们还必须要知道，宋朝的茶叶专卖制度跟当时进口奢侈品的专卖制度非常相像，真正的高档货是不允许流向市场的，只能进贡给皇帝，再由皇帝分赐给皇亲国戚和文武大员。换句话说，能在市面上明码标价销售的茶，都不是真正的好茶。

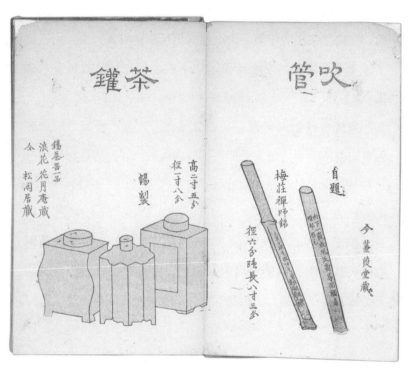

茶鑵

吹管

錫茶器一品
浪花花月菴蔵
全　松蘭居蔵

高二寸五分
径一寸八分

錫製

自題

梅荘禅師銘

今蒸葭堂蔵

径六分強長八寸三分

卖茶翁茶器图　木孔阳/编

真正的好茶在宋朝有多贵呢？欧阳修在《归田录》里说过："庆历中，蔡君谟为福建路转运使，始造小片龙茶以进，其品精绝，谓之小团，凡二十饼重一斤，其价直金二两。"宋仁宗庆历年间，大臣蔡襄出任福建省长，给仁宗进贡了一批非常精致的小型砖茶，二十枚重一斤，一枚只有八钱重[①]，不到一两，而它的价值却相当于二两黄金。

紧接着欧阳修又说："然金可有，而茶不可得。"就算你拿出二两黄金，也未必能买到一两这种茶，因为这种极品贡茶数量稀少，只有皇帝和近臣才有福气享用，并不是有钱就能买得到的。

但是，市面上买不到，却可以自己制作。只要您能耐心读完这本书，就能掌握宋茶工艺，自己动手做一枚极品宋茶，或者自己品尝，或跟朋友分享。

---

① 宋朝一斤为十六两，一两为十钱。

第二章

采茶

要想学做宋茶，首先要学采茶。

采茶似乎不难。戴上防雨帽，背上小竹篓，双手灵巧地在茶丛里穿梭，一捏一提，一捏一提，专采一叶一芽、两叶一芽的嫩尖儿，采到两手装不下，往茶篓里一扔，一早上能采一竹篓。现在科技发达，装备升级，电动采茶机早已问世，采茶效率更高。

而真正采过茶的朋友会明白，这桩活儿并不像看上去那么简单。首先您得有个好眼力，能从满眼碧绿中迅速分辨出哪些茶叶能采，哪些茶叶不能采。其次您得知道怎么下手，是用指甲掐断，还是用指头捏提？是掐住叶梗，还是捏住叶片？是往上提，还是往下拽呢？看得准，下手稳，采得快，能做到这些，才算是一个基本合格的采茶工。

宋茶在选料和制作工艺上跟现代茶有很大区别，对采茶的要求就更高了。一个合格的宋朝采茶工，必须知道在什么时间、什么天气采茶，采不同的茶叶需要什么样的工具和什么样的手法，以及怎样对刚刚采到的茶叶进行初步拣选……

采茶必备工具

陆羽在《茶经》里提到一种名叫"籝"的东西，并解释道："一曰篮，一曰笼，一曰筥，以竹织之，受五升，或一斗、二斗、三斗者，茶人负以采茶也。"籝、篮、笼、筥，同物而异名，指的都是竹篓，即采茶时背在身后的竹篓。按陆羽描述，唐朝茶篓大小不等，最小的能盛五升，最大的能盛三斗，也有能装一二斗的茶篓。

宋朝人采茶，身后一般也背着茶篓，不过当要采摘尚未开面的细嫩茶芽的时候，不用茶篓了。《大观茶论·采择》云："茶工多以新汲水自随，得芽则投诸水。"采茶工人随身携带新鲜干净的水，每采一枚茶芽，就放到水里浸着。《品茶要录·压黄》云："采佳品者，常于半晓间冲蒙云雾，或以罐汲新泉悬胸间，得必投其中，盖欲鲜也。"要想采到上等的茶芽，你要么就得在天刚刚亮时趁着山岚晨雾采摘，要么在胸前挂一个水罐，罐子里装着新汲的泉水，把采到的茶芽放进水罐，才能保证茶芽不受体温的熏蒸、汗水的污染和其他茶芽的挤压，使之一直保持鲜嫩和完整。

也就是说，宋朝采茶有两种容器，一是背后的茶篓，二是胸前的水罐。如果你对茶没有很高的要求，请把采到的鲜叶大把大把地扔进茶篓；如果你要制造极品贡茶，请把那细嫩的茶芽一枚一枚地放入水罐，用洁净甘甜的泉水来饲养它们，就像饲养一群活泼可爱的鱼苗。当然，你也可以把这两种容器都带上，前悬水罐，后背竹篓，采到好茶就往水罐里放，采到普通茶叶就往竹篓里放，便于拣选和分级。

背上竹篓，拴上水罐，是不是就可以进山采茶了呢？不是，还需要一种采茶工具：茶镊。南宋时来华求学的日本和尚荣西亲眼见过宋朝人如何采摘新发茶芽："茶芽一分二分，乃以银镊子采之。"[1]所谓"一分二分"，就是0.1寸到0.2寸，也就是3毫米到6毫米[2]之间。当茶芽发到这个长度，就可以采摘了。用什么采摘呢？注意，不能用手指去捏，也不能用指甲去掐，必须用银镊子夹。因为这么短的茶芽实在是太细太嫩了，一捏就扁，一掐就断，一提就碎，一拽就烂，只能像外科

---

① 荣西《吃茶养生论》卷上。
② 宋朝官尺比现在的市尺要短，一尺的标准长度为300毫米，故一寸长30毫米。

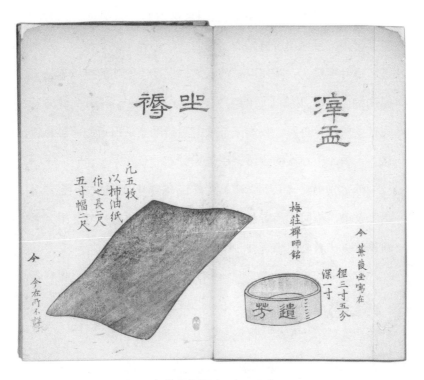

褥聖

凡五枚
以柿油紙
作之長三尺
五寸幅二尺

今
今在門不詳

渾盂

梅荘禪師銘

今蕉鹿堂寫在
俓三寸五分
深一寸

遺芳

卖茶翁茶器图　木孔阳/编

医生从伤员体内取弹头一样，小心翼翼地剥离肌肉，把弹头一点一点地夹出来。

早春的顶芽非常细嫩，须用茶镊采摘；清明过后，茶叶坚实得多，可以用茶剪采摘。荣西《吃茶养生论》载："寒食过后，叶梗坚实，茶民以竹剪采之。"说明宋朝的茶剪不是金属制品，而是用竹子做的。为什么要用竹剪，不用铁剪采茶呢？荣西没有解释，我们按常理推测，可能是因为铁剪容易氧化，宋朝人担心铁锈会污染茶香吧？

综上所述，在宋朝采茶需要准备如下工具：茶篓、水罐、茶镊、茶剪。其中茶篓和茶剪在采摘普通茶叶时使用，水罐和茶镊在采摘顶级茶芽时使用。

用指甲采茶

现在的采茶工具很先进，有半自动的采茶机，也有全自动的采茶机，但是不管哪种款式的采茶机器，还都不可能替代人工。有经验的朋友都知道，采茶机效率高，质量却难有保证，操作稍有不当，就把好茶采成烂茶了。所以"纯手工采茶"这一传统采茶方式在现代中国仍然拥有相当强的生命力。

如果不用采茶机，改用宋朝的茶镊和茶剪，算不算纯手工采茶？我觉得不算，所谓"纯手工"，应该完全依靠一双手去采摘。当然，这双手是需要技巧的，怎么提尖儿，怎么揪叶儿，都需要长期训练才能熟练掌握。

现代茶农采茶，不提倡用指甲去掐，一般都是用拇指和食指的指尖轻轻捏住叶梗，运用腕力迅速上提，把顶芽和旁叶一起摘下。为什么不能提倡用指甲呢？因为指甲会把茶叶掐破，使茶汁流出并迅速氧化，然后在伤口处形成黑点，精华流失了，卖相也不佳。

奇怪的是，宋朝茶农却反其道而行之，宁可用指甲把茶叶掐断，也不用指尖捏住叶梗往上提。南宋时的贡茶监造官赵汝砺是这么解释的："盖以指而不以甲，则多温而易损；以甲而不以指，则速断而不柔。"[①]用指尖采茶，汗液会让茶叶变脏，体温会让茶叶变软；用指甲采茶，从叶梗处迅速掐断，指头接触不到，可以让茶叶保持完整的形态和鲜嫩的质地。

赵汝砺的解释有没有道理呢？放在今天肯定没道理。指尖会让茶叶变脏，指甲难道不是会让茶叶变得更脏吗？指尖会让茶叶变软，指甲还会把茶叶掐破呢！再说了，如果叶梗太粗，你用指甲根本不能迅速掐断，最后还要用上"掰"的手法，岂不让人笑掉大牙？

不过这种"以甲而不以指"的采茶手法在宋朝却是很有道理的，因为宋茶以春茶为主，尤其是实以早春芽茶为主，顶芽细嫩，叶梗鲜脆，轻轻一掐就能掐掉，此时顶芽完好无损，旁叶保持脆嫩，只有叶梗会流出汁液，很快会氧化发黑。但是不要紧喔，前面说过，人家胸前挂着水罐，把茶叶放进泉水里养着，它就无法氧化啦！

---

① 赵汝砺《北苑别录·采茶》。

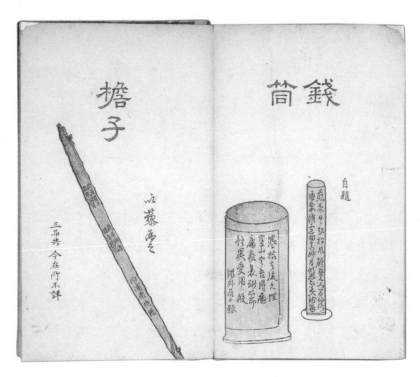

卖茶翁茶器图　木孔阳/编

谷雨之前采宋茶

陆羽说："凡采茶，在二月、三月、四月之间。"[①]从农历二月初开始，到四月底结束，这是唐朝采茶的合适时间。

宋朝采茶的开始时间比唐朝要早。

宋徽宗《大观茶论》云："茶工作于惊蛰。"黄儒《品茶要录》云："茶事起于惊蛰前。"赵汝砺《北苑别录》云："惊蛰节，万物始萌，每岁常以前三日开焙，遇闰则反之，以其气候少迟故也。"可见惊蛰前后就已经开始采茶了。平常年份的开采时间是惊蛰前三天，闰年的开采时间是惊蛰后三天，因为闰年气温回升较慢，茶树抽芽稍晚。

惊蛰紧随立春和雨水之后，是农历二十四节气中的第

_____

① 《茶经》卷上《三之造》。

三个节气，通常在正月的中下旬，个别年份会延迟到二月上旬。例如2015年惊蛰是正月十六，2016年惊蛰是正月（大）二十七，2017年惊蛰是二月（小）初八，2018年惊蛰是正月十八。如果不逢闰年，宋朝茶农会从惊蛰前三天也就是正月中旬前后开始动工，明显比陆羽所说的二月开采要早得多。

事实上，宋茶采摘的结束时间也比唐朝要早。

南宋王观国《学林新编》云："茶之佳品，造在社前；其次则火前，谓寒食前也；其下则雨前，谓谷雨前也。"[①]高档茶制造于春社以前，中档茶制造于清明以前，低档茶制造于谷雨以前。言外之意，只要过了谷雨，就不再适合采茶了。

南宋时官修的地方志《建安志》云："闽中地暖，谷雨前茶已老而味重。"[②]福建地气温暖，茶树抽芽比其他地方早，到了谷雨时节，茶叶已老，味道苦涩，所以福建茶农在谷雨前就得停止采摘。谷雨是什么时候？农历三月而已。二月开采，三月结束，宋朝人采茶，一年当中最多也就这两个月的时间。

宋朝茶区还是蛮多的，除了福建出产名茶，江苏、江西、广东、广西、浙江、四川、安徽、湖南等地也都产茶。各地气温不一，水土各别，茶树生长有早有晚，未必全像福建茶农那样仅在二三月间采茶，所以我们不能排除其他地区的茶农

① 《学林新编》原书已佚，此处转引自胡仔《苕溪渔隐丛话》前集第四十六卷。
② 《建安志》原书已佚，此处转引自文津阁四库全书本《北苑别录》小字补注。

水注

興俳瓷

今皇都其家藏

山水
主人
陸景

瓦爐

自題

爐背
陸氏流風
同工異曲
晨烏夕烏
輔吾築燭
高屋夏藝

串田風爐 廣青天下一銘

徑一尺 高八寸

三足

卖茶翁茶器图　木孔阳/编

在谷雨过后甚至立夏过后仍然采摘的可能。但是有一点可以肯定，宋朝不会有秋茶。

明朝人许次纾说："往日无有于秋日摘茶者，近乃有之。秋七八月重摘一番，谓之早秋，其品甚佳。"[①]许次纾说的"往日"，指的是明朝以前，明朝以前"无有于秋日摘茶者"，其中自然包括宋朝。

时至今日，西湖龙井在清明前采摘，台湾青茶在清明与谷雨之间采摘，武夷岩茶在谷雨过后采摘，白毫乌龙在初夏采摘，铁观音在一年四季均可采摘，为什么宋茶却不能在秋天采摘呢？据我分析，这主要跟宋朝的制茶工艺和口感偏好有关。

首先，宋朝没有炒青茶，没有发酵茶，只有蒸青绿茶，而做蒸青绿茶需要尚未开面的嫩芽做原料，所以采摘宋茶的最佳时机自然是农历二三月份。

其次，宋朝人不喜欢苦涩味，他们追求"甘、香、厚、滑"，即兼具清甜、清香、醇厚、细滑这四种口味的茶汤。除了春茶，还有哪个季节的茶能满足他们如此高大上的偏好呢？

---

① 许次纾《茶疏·采摘》。

太阳一升，马上收工

我们牺牲掉其他季节，只在谷雨前进园采摘，那是不是就可以全天候赶工了呢？

答案仍然是否定的。

你看现在的茶农采茶，早上会穿雨衣，上午和下午还会戴上遮阳帽。如果来到宋朝，就把遮阳帽扔了吧，因为根本用不着。

早在宋徽宗撰写《大观茶论》之前，有一位名叫宋子安的茶人就说过："凡采茶，必以晨兴，不以日出，日出露稀，为阳所薄，则使芽之膏腴出耗于内。"①采茶必须把握正确的时机，一大早就要开工，太阳一出来就要收工。为啥？太

---

① 宋子安《东溪试茶录》，商务印书馆1936年版，与蔡襄《茶录》、赵汝砺《北苑别录》合刊。

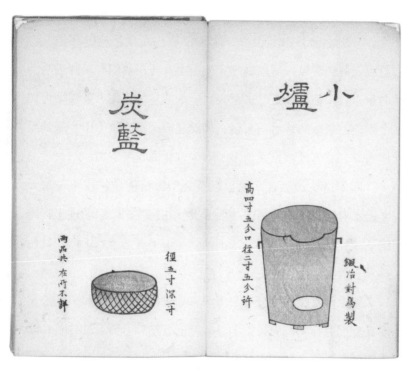

炭藍

小爐

両品共 在所不詳

徑五寸深寸

高四寸五分口徑三寸五分許

鍛冶對馬製

卖茶翁茶器图　木孔阳/编

阳一出来，茶叶上的露水就蒸发了，顶芽得到阳光，它会迅速生长，迅速开面，迅速从高级芽茶变成普通叶茶，从而失去采摘价值。

日出之前，山雾很浓，露水很重，人在茶丛中穿梭，会打湿衣服和头发，所以最好穿上雨衣。现在我们有轻薄透明的防水布，宋朝可没有，采茶人只能戴上斗笠，披上蓑衣，再加上胸前的水罐和背后的茶篓，如此这般全副武装上山。采到太阳东升，雾气消散，无论采了多少，立即收工下山。

即使是在最适合采摘顶级茶芽的惊蛰前后，也不是每天早上都有机会上山采茶，还要看天气如何。用仁宗朝进士黄儒的话说："阴不至于冻，晴不至于暄……有造于积雨者，其色昏黄。"[①]阴天可以采茶，但是气温不能低于零度；晴天也可以采茶，但是天气不能过于暖和；如果碰上连阴雨，只能停工不采，因为在阴雨天采摘的茶叶不能造出符合要求的砖茶，调出来的茶汤将会暗淡无光。

---

① 黄儒《品茶要录·采造过时》，收录于涵芬楼百卷本《说郛》第六十卷。

皇家茶园的采茶盛况

　　宋朝福建有一个建安县（今建瓯市），县城往东三十里有一座凤凰山，那里气候湿润、水质优良、土质奇特，出产最优质的茶叶，故此被开辟为皇家茶园，时称"北苑"。

　　北苑方圆三十多里，内有茶园四十六座，每年初春需要雇佣二百二十五名采茶工人，这些工人必须是北苑附近的本地人。之所以要用本地人，倒不是为了解决就业问题，而是因为本地人"非特识茶发早晚所在，而于采摘各知其指要"[①]，不但知道哪座山头的茶最先抽出新芽，而且早已熟练掌握采茶的要领，不需要培训就能上岗。

　　《北苑别录》记载了这两百多名工人同时采茶的盛况：

[①]　赵汝砺《北苑别录·采茶》。

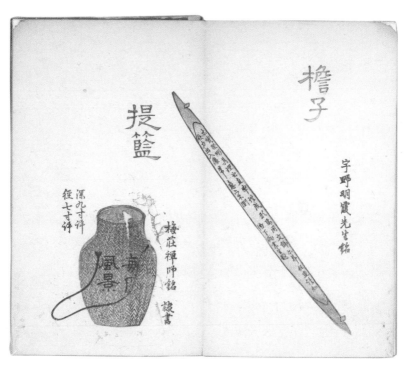

檐子

宇野明霞先生銘

提籃

深九寸許
径七寸許

梅荘禅師銘
隷書

卖茶翁茶器图　木孔阳/编

"每日常以五更挝鼓，集群夫于凤凰山，山有打鼓亭。监采官人给一牌，入山，至辰刻复鸣锣以聚之，恐其逾时，贪多务得也。"皇家茶园里有一位专门带领大家采茶的监采官，所有工人都要服从他的安排。每天五更，也就是凌晨三点到五点之间，监采官在凤凰山上的打鼓亭里擂响大鼓，咚咚咚，咚咚咚，工人们在鼓声中起床、梳洗、穿戴整齐，然后带上工具，上山集合。他们来到打鼓亭，每人从监采官手里领到一块编了号的牌子，随即消失在漫山遍野的茶园之中。到了辰时，也就是早上七点到九点之间，监采官只要看见太阳一出来，就会敲响铜锣，哐哐哐，哐哐哐，通知采茶工人停止工作，带上各人的劳动成果返回打鼓亭。

敲锣又叫"鸣金"，击鼓出战，鸣金收兵，本是战场上的通例，结果被宋代皇家茶园当成了采茶的号令。如果采茶工人贪心不足，听见锣声还继续采，不能及时赶到打鼓亭，想必是会受到军法严厉惩罚的。

《北苑别录》的作者赵汝砺曾经用夸张的笔法写道："方春虫震蛰，千夫雷动，一时之盛，诚为伟观。故建人谓：至建安而不诣北苑，与不至者同。"每年惊蛰时节，一千多名采茶工人（其实没有千余名，只有二百多名）同时上山，密集的脚步声响彻北苑，宛如春雷滚滚，真是皇家茶园的一大胜景啊！所以建瓯人说：来到建瓯而不到北苑看看采茶，就跟没来过建瓯一样。

把病茶赶走

在农历二三月这个采茶旺季，采茶工人每天五更上山，辰时收工，一天只采那么几个小时，就能从皇家茶园领到薪水，这项工作并不算苦嘛！

需要采茶工去做的工作还多得很，要治茶病。

什么是"茶病"？

笔者综合分析《大观茶论》《品茶要录》与《北苑别录》等三部宋朝茶典，将宋朝流行的三种茶病一一列举出来：

第一种茶病叫"乌蒂"。

乌蒂就是黑蒂，黑蒂就是黑梗。正像我们前面叙述的那样，宋人用指甲采茶，会把叶梗掐断，会使茶汁流出，如果不放进泉水里浸泡，断口处将氧化变黑，形成乌蒂，影响成品茶的色泽。

圍爐　　　　　注子

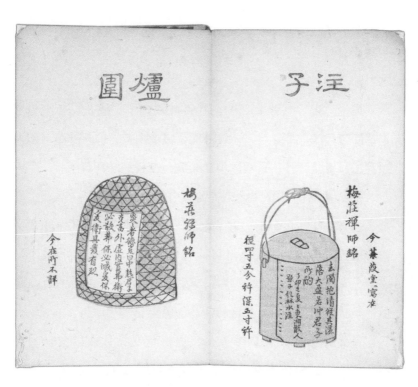

卖茶翁茶器图　木孔阳/编

第二种茶病叫"白合"。

顶芽新发，旁侧会伴随生长一两片小叶，小叶如果长得畸形，会把顶芽缠抱起来，而缠抱顶芽的那两片小叶就叫白合。

第三种茶病叫"盗叶"。

所谓盗叶，是指相邻的两片嫩叶长到了一块儿，环绕相抱，颜色很淡，乍一看，还没开面，极像顶芽，但它已经不是顶芽了，而是旁叶，只不过相互缠绕，没有舒展开而已。

宋徽宗说："茶之始芽萌则有白合，既撷则有乌蒂，白合不去害茶味，乌蒂不去害茶色。"[①]刚刚抽出的新芽可能有白合缠抱，刚刚摘下的茶叶可能有乌蒂出现，你把茶叶采回家，赶紧剥掉白合，剪掉乌蒂，然后才能做茶。不去白合的话，茶味会变苦；不去乌蒂的话，汤色会变黑。

黄儒说："其或贪多务得，又滋色泽，往往以白合、盗叶间之。试时色虽鲜白，其味涩淡者，间白合、盗叶之病也。……造拣芽，常剔取鹰爪，而白合不用，况盗叶乎？"[②]如采茶工人追求数量，或有意或无意，将白合与盗叶当作顶芽，混杂在真正的顶芽当中，如果不把它们筛选出去，就做不成极品宋茶。

---

① 《大观茶论·采择》。
② 《品茶要录·白合盗叶》。

综上所述，皇家茶园的雇工们采完茶叶，都要做一番仔细筛选，治疗乌蒂、白合、盗叶等茶病。然后呢？然后还要再筛选一遍，给已经治愈的茶叶分分类，分分级。

宋朝的特级茶叶是什么样子

在宋朝，像那种阔大、坚实、完全开面、没有顶芽的老叶是很受茶人鄙视的，因为老叶不适合做绿茶，更不适合做蒸青绿茶。换句话说，完全不适合做宋茶。如果为了避免浪费，非要做成宋茶的话，只能做成低档的草茶，不能做成高档的片茶，更不能做成专供皇家享用的贡茶。

什么样的茶叶才可以做贡茶呢？我们读读两宋之交熊蕃、熊克父子撰写的《宣和北苑贡茶录》就知道了："凡茶芽数品，上品者曰小芽，如雀舌鹰爪，以其劲直纤锐，故号芽茶；次曰中芽，乃一芽带一叶者，号一枪一旗；次曰紫芽，其一芽带两叶，号一枪两旗；其带三叶、四叶，皆渐老矣。"可供制造贡茶的茶叶必须是顶芽未开的嫩叶，茶工们将其分成"小芽""中芽""紫芽"这三个级别。

由左至右，依次是小芽、中芽、紫芽

像这种一枪三旗的老叶是不适合做贡茶的

小芽就是纯粹的茶芽，苞叶挺直，又尖又细，只有顶芽，没有旁叶。

中芽是一枚顶芽带一片嫩叶，也就是俗称的"一枪一旗"。

紫芽是一枚顶芽带两片嫩叶，俗称"一枪两旗"。

从小芽到紫芽，分别可以制作品级不等的贡茶。紫芽以下，如"一枪三旗""一枪四旗"，即便是顶芽未开，也不能用了。

不能用怎么办？难道白白扔掉吗？应该不是。现在中国大陆的茶农雇人采茶，往往会把茶厂不收的老叶和茶枝送给雇工，作为薪资以外的酬劳。照此推想，那些在宋朝皇家茶园采茶的雇工想必也会有此酬劳：采过茶，分过级，将中芽以下的茶叶带回家去，做成草茶自己喝。

中芽比紫芽高级，小芽比中芽高级，故此小芽堪称特级茶叶。可是宋朝人精益求精，在特级茶叶之上又"发明"出一种更加高级的制茶原料：水芽。

《宣和北苑贡茶录》载："宣和庚子岁，漕臣郑公可简始创为银线水芽，盖将已拣熟芽再剔去，只取其心一缕，用珍器贮清泉渍之，光明莹洁，若银线然。"宋徽宗宣和二年（1120），漕臣郑可简始创"银线水芽"：先将小芽蒸软，漂洗干净，一枚一枚拿出来，小心翼翼地剥掉外膜，取出一缕极细的芽芯，然后用珍贵的器皿贮满清冽的甘泉，把刚刚取出的芽芯放进去，只见芽芯晶莹剔透，亮如银线，在泉水中载沉载浮，真是越看越可爱。

宋朝人在做茶上就是这么不计工本，就是这么匠心独具。

第三章

做茶

宋朝人做茶，可以做成草茶，也可以做成片茶。草茶青绿可爱，叶片完整，像现在的六安瓜片；片茶紧压成团，小巧精致，像现在的普洱银砖。不过，外形相似，制法大异——瓜片是炒青，宋茶是蒸青；普洱后发酵，宋茶不发酵。

做草茶很简单，把茶叶蒸软，蒸透，出锅漂洗，摊晾半干，入笼焙制，即成草茶。无论是看外形，还是看工艺，宋代草茶都跟日本煎茶非常相似[①]，故此无须赘述。

做片茶就麻烦多了，除了前期的蒸青和后期的烘焙，中间还需要压黄、研膏、入棬成型……

什么是"蒸青"？什么是"研膏"？什么是"入棬成型"？大宋片茶跟现在的大陆茶、台湾茶以及日本茶相比，在生产工艺上究竟又有哪些奇特之处呢？

且听我慢慢道来。

---

① 唯独饮用方式不同。日本煎茶是冲泡饮用，宋朝草茶则需要磨粉调汤。

蒸青和研膏

北宋大文学家范仲淹写过一首很长的长诗《和章岷从事斗茶歌》，其中有这么四句：

> 终朝采掇未盈襜，唯求精粹不敢贪。
> 研膏焙乳有雅制，方中圭兮圆中蟾。

前两句写采茶：采茶工人忙了一整个早上，也没能采满一篓，因为他只采最好的茶叶，不敢贪多务得。

后两句写做茶：经过了"研膏""焙乳"等工序，终于做出了巧夺天工的片茶，有的片茶像玉圭一样方正，有的则像皓月一样浑圆。

焙乳是制造宋茶的最后一道工序。乳，茶也；焙，烤也。把出模的茶砖架在炭火上烘烤，烤到内外干透，这就是焙乳。

研膏则是制造宋茶的第二道工序，这个环节非常关键，非常独特，它是宋茶区别于唐茶的最大特色，也是宋茶区别于现代茶的最大特色。

我们先聊聊蒸青，然后再重点讲研膏。

新摘的茶叶，拣选，分级，去掉白合、乌蒂、盗叶等茶病，分出中芽、拣芽、小芽等级别，这时候茶叶仍然是湿的，露水未干，潮气未除，甚至还免不了会带些细微的尘土，所以需将"茶芽再四洗涤，取令洁净。然后入甑，候汤沸蒸之"①。将茶芽放到水中反复漂洗，直到非常干净，再捞出来蒸青。

蒸青需要一口大锅，锅里倒入半锅清水，锅上架甑，甑上盖笼。宋朝的茶甑用陶制成，外形像盆，只是在盆底密密麻麻凿出许多小圆孔，蒸汽可以嗤嗤地透过小孔中往上蹿。大火烧开，把茶叶摊放到甑里，盖上用竹子和苇叶编织的茶笼，直到蒸熟为止。

炒青最讲究火候，蒸青亦然。《北苑别录》云："蒸有过熟之患，有不熟之患。过熟则色黄而味淡，不熟则色青

---

① 赵汝砺《北苑别录·蒸芽》。

易沉，而有草木之气。唯在得中之为当也。"茶叶不能蒸得太老，也不能蒸得太生。蒸得太老的话，茶色变黄，茶香变淡；蒸得太生的话，茶色则过泛青，泡时易沉底，茶香不纯，残留着浓浓的青草气。

可是怎样才能判断蒸青的火候是否恰到好处呢？现存于世的所有宋朝茶典对此都没有说明，我们只能通过实际操作来总结要点。根据我的经验，把茶叶摊得薄薄的，最多只摊两层，大火蒸十五分钟左右，住火，揭笼，发现茶叶的颜色由青绿变为嫩黄，捏一片尝尝，没有一丁点青草气，那就算成了。如果茶叶还很绿，还残留着浓郁的青草气，说明火候不到；如果茶叶变得暗黄，并闻到淡淡的煳锅味儿，则说明火候过了。

茶叶蒸熟了，就可开始研膏。

研膏分为三个环节：一、压黄；二、捣黄；三、揉黄。

所谓"压黄"，就是用竹片和细布把蒸青过后的茶叶包起来，放到木榨的榨槽里，再往榨杆上吊一块石头，在重力和杠杆力的作用下慢慢挤压，把多余的水分和苦涩的茶汁压榨出去。不过并非所有的茶叶都能这样压黄，还需根据茶叶的品级来选择不同的压黄方式。如果是一枪二旗的紫芽、一枪一旗的中芽、没有旁叶的顶芽，就用木榨压黄好了。如果是从顶芽里剔取的银线水芽，则不能入榨了，必须用丝布包住，压上一块石板，轻轻挤压里面的苦汁。为什么不能把水芽放到木榨里压黄呢？因为水芽太细太嫩，本身没有多少苦汁，如借助杠杆力使劲挤压，会把水芽的精华全部榨走，可谓暴殄天物。

"捣黄"是把压榨过的茶叶放进陶钵里，用一根木杵反复舂捣，一边舂捣，一边研磨，一边用泉水漂洗，如此这般很多遍，直到把茶叶里的苦涩成分彻底清理干净。按照《北苑别录》的记载，制造最高级的贡茶"龙团胜雪"和"白茶"时，竟然需要研磨十六遍，一个茶工研磨一天，也只能做成一枚片茶。

到"揉黄"的环节就轻松多了，因为此时的茶叶已经成了无比细腻的茶泥，从捣黄的陶钵里抓起一团茶泥，拍打得结结实实，用热水冲一冲，再将其揉匀，揉得油光可鉴，即可放入模具，压成茶砖。

压黄、捣黄、揉黄，完成这三道工序，也就完成了研膏。以前研究宋茶的朋友大多不明白研膏的真实含义，有人以为是把压榨出来的茶汁熬成茶膏，有人以为是把龙脑、沉香、麝香、檀香等名贵香料研磨成粉，加水调膏，再掺到茶里，以增加成品茶的香度和亮度。这些理解都是错误的，跟宋茶的实际生产工艺相悖，误导了广大受众。

研膏是宋片茶独有的生产工艺，是宋片茶区别于唐茶和现代茶的关键特征。唐茶是蒸青茶，但是不研膏；日本的煎茶和抹茶也是蒸青茶，同样不研膏；中国绿茶和台湾乌龙更不用说，既不蒸青，也不研膏。如果让我们给宋朝片茶下一个简单定义的话，用五个字即可概括：蒸青研膏茶①。

用我们现代人的眼光来看，研膏有利也有弊。去除苦涩的成分，凸显清甜的口感，通过舂捣、揉捏和拍打来释出少量茶油，使茶砖表层发光发亮，改善成品茶的品相，这是研膏的好处。可是在压榨、研磨和反复漂洗的时候，茶叶里对人体有益的营养成分必然损失过半，这又是研膏的坏处。唐朝人和现代人做茶之所以不研膏，主要就是怕营养成分流失。

陆羽曾经在《茶经》中提到唐人做茶的忌讳："散所蒸芽笋并叶，畏流其膏。"蒸青之时，要用特制的叉杆及时翻动顶芽和嫩叶，以免茶汁流到锅里。可想，在蒸青的环节都要避免茶汁流出来，更何况是研膏呢？

唐人怕茶营养流失，不敢研膏；宋人怕茶汤发苦，反复研膏。二者取舍，各有所宜，亦各有所不宜。

---

① 严格来讲，"蒸青研膏茶"这个定义并不能概括所有宋茶，因为宋朝除了有片茶，还有草茶，而草茶是不需要研膏的。

棬模和茶砖

要做茶砖，必须有一套模具，宋朝人将做茶的模具叫作"棬模"，有时候也叫作"圈模"。

"棬"和"模"是两种不同的构件，棬在下，模在上，棬是容器，模是盖子，把研过膏的茶黄放入棬中，再用模去压，才能压出不同造型的茶砖。

棬是木字旁，说明最初是用木头刻的模具。可是木头不够光滑，又有气味，所以宋朝人改用金属来制造棬。用什么金属呢？一般用铜和银。不过宋朝也有用竹子制造的棬，竹子坚韧，不易变形和腐朽，即使有点气味，也是清香的气味，不会让茶味受到污染。

模也是木字旁，但在宋朝全是用金属铸造。现存文献中没有模的图样，我们只能推想其形状：一块金属板，上面有一个

开封故阙堂仿制的宋代茶模：左为龙团，右为凤饼

提钮，另一面阳刻花纹和文字。把茶泥放在棬中，摊满，摊匀，压上这块金属板，把茶泥压实，压出有漂亮的花纹和落款的茶砖。

宋徽宗宣和二年（1120），北苑贡茶达到极盛，不同造型的茶砖多达几十种，我把它们的名称、尺寸和造型制成图，见该篇文末。

这些贡茶或大或小，或方或圆，或长或短，甚至还有类似树叶、花瓣和雪花形状的造型。它们的花纹也是多种多样，有龙有凤，有云朵有如意。宋朝人之所以能把贡茶造出如此丰富多彩的款式，正是因为他们拥有一整套大小不等、款式各异的棬模。

宋朝茶砖的造型和花纹绝不仅限于上面列举的那些。苏东坡描写过一款造型更加奇特的茶砖："环非环，玦非玦，中有迷离玉兔儿。一似佳人裙上月，月圆还缺缺还圆，此月一缺圆何年。君不见斗茶公子不忍斗小团，上有双衔绶带双飞鸾。"[①]老苏笔下的这款茶既不圆也不方，它被茶工做成了月牙状，月牙上面还印着一只兔子，所以被命名为"月兔茶"。

南宋官员周去非在广西桂林见过当地市面上流行的另一

---

① 《苏轼诗集》卷九《月兔茶》。

款茶:"静江府修仁县产茶,土人制为方銙,方二寸许而差厚,有供神仙三字。"桂林修仁县(后归荔浦县)产茶,当地的砖茶四四方方,边长两寸,上面印着"供神仙"三个字。

如今有一些茶商在生产宋茶,可惜他们知识不足,不懂得"蒸青研膏茶"的真正含义,竟然把宋茶做成乌龙茶、普洱茶、炒青绿茶;同时又不知道宋朝茶砖的真实模样,结果造出的茶砖千篇一律,全是大如象棋的圆砖,上面没有花纹,只有文字,而且又都注有"大宋贡茶""北苑贡茶""龙团凤饼"这样的假标识。希望他们看了这本书以后,能用心钻研做出几款具有真正味道的宋茶来,让我们得以品尝宋茶的茶香。

品名	造型	尺寸
贡新銙 (大观二年造)		边长一寸二分
试新銙 (政和二年造)		边长一寸二分
龙团胜雪		边长一寸二分
白茶 (政和三年造)		直径一寸五分

御苑玉芽		直径一寸五分
万寿龙芽		直径一寸五分
上林第一		边长一寸二分
一夜清供		边长一寸二分
承平雅玩		边长一寸二分
龙凤英华		边长一寸二分
玉除清赏		边长一寸二分
启沃承恩		边长一寸二分
雪英		横长一寸五分
云叶		横长一寸五分
蜀葵		直径一寸五分
金钱		直径一寸五分
玉华		长轴一寸五分
寸金		边长一寸二分
无比寿芽		边长一寸二分
万寿银叶		两尖径长二寸二分
宜年宝玉		长轴三寸

玉清庆云		边长一寸八分
无疆寿龙		长一寸
玉叶长春		长三寸六分
瑞云翔龙		直径二寸五分
长寿玉圭		长三寸
兴国岩銙		边长一寸二分
香口焙銙		边长一寸二分
上品拣芽		直径一寸五分
新收拣芽		直径一寸五分
太平嘉瑞		直径一寸五分
龙苑报春		直径一寸七分
南山嘉瑞		边长一寸八分
兴国岩拣芽		直径三寸

小龙		直径三寸
小凤		直径三寸
大龙		尺寸待考
大凤		尺寸待考

过黄秘笈

　　"过黄"是对茶砖进行烘焙，跟欧阳修《斗茶歌》里的"焙乳"是一个意思。茶砖从棬模中取出来，必然是湿漉漉的，含有大量水分，不能长期存放，所以需要用炭火焙干。

　　陆羽说："晴采之，蒸之，捣之，拍之，焙之，穿之，封之，茶之干矣。"[①]采茶，蒸青，把蒸熟的茶叶捣烂，揉匀，拍成茶饼，烘焙至干，用锥刀在中间穿孔，用细竹穿成一大串，然后包装上市……陆羽用非常精练的语言叙述了唐朝人做茶的全部流程，其中虽然没有研磨漂洗的研膏环节，但是最后仍然少不了烘焙这道工序。可以这样说，宋茶也好，唐茶也

---

① 《茶经》卷上《三之造》。

好，现代茶也好，包括元明清三代做茶①，都少不了烘焙这道工序。

唐人焙茶，方式粗陋。据陆羽《茶经》记载："凿地深二尺，阔二尺五寸，长一丈，上作短墙，高二尺，泥之。……贯，削竹为之，长二尺五寸，以贯茶焙之。……以木构于焙上，编木两层，高一尺，以焙茶也。茶之半干，升下棚；全干，升上棚。"在地上挖一小坑，坑边砌墙，墙上用木头构造两层烤箱。焙茶之前，在坑里燃起一堆炭火，用削尖的竹子把茶饼穿透，挑起来，直接在火上烤。烤到半干，放进烤箱的下层。烤到全干后，升到烤箱的上层。

宋朝人改进了焙茶工艺。据黄儒《品茶要录》记载："夫茶本以芽叶之物就之棬模，既出棬，上笪焙之。用火务令通彻，即以灰覆之，虚其中，以热火气。"用柔韧的竹子（而不是木头）编织成一种名叫"笪"的烤箱，竹子传热更快，且有清香，不会把茶砖烤出异味。焙茶用的炭必须是烧透的，上面用一层炭灰覆盖，只让热气升腾，不让明火冒出来，以免茶砖外焦里嫩，烘焙不匀，散发出烟熏火燎的焦炭气。

但是黄儒又说："然茶民不喜用实炭，号为冷火，以茶饼新湿，欲速干以见售，故用火常带烟焰。烟焰既多，稍失看

① 元朝起可能已有炒青茶出现，至明朝初年，炒青完全代替蒸青，现代绿茶实际上奠基于此。

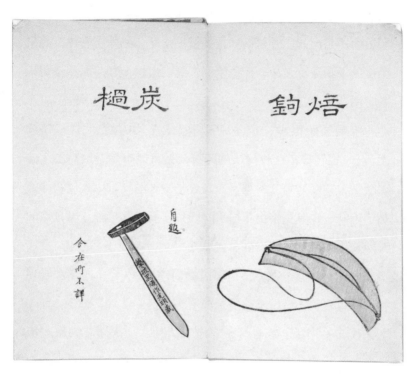

炭槌　　　焙鈎

自題

今在何不詳

卖茶翁茶器图　木孔阳/编

候，以故熏损茶饼。试时其色昏红，气味带焦者，伤焙之病也。"有些人为了赶工，为了缩短烘焙的时间，为了让茶砖尽快上市，故意用明火来焙茶。从外面瞧，茶砖好像焙透了，其实里面还是湿的，要是焙到内外俱干，又会把外层烤焦。如果调出的茶汤没有光泽，颜色暗红，能尝出烟火气，那就说明焙茶时用了明火。

宋朝茶砖很小，但是密度很大，"如蜡茶，其声铿铿然。"①轻轻敲击一枚优质的砖茶，是可以听到金属声的。砖茶密度大，好处是"耐藏"，表里坚实，潮气难以入侵；坏处是"难焙"，要烘焙很长很长时间，才能将其焙透，可是焙的时间一长，又容易焙出烟熏火燎气。

为了解决这一难题，宋朝皇家茶园采用了一种异常繁琐的焙茶工艺：先焙后洗，多洗多焙。

《北苑别录》载："茶之过黄，初入烈火焙之，次过沸汤爁之，凡如是者三，而后宿一火，至翌日遂过烟焙焉。然烟焙之火不欲烈，烈则面炮而色黑；又不欲烟，烟则香尽而味焦，但取其温温而已。凡火数之多寡，皆视其銙之厚薄，銙之厚者有十火至于十五火，銙之薄者亦八火至于六火。火数既足，然后过汤上出色，出色之后，当置之密室，急以扇扇

---

① ［南宋］王德远《调燮录》卷中《辨茶》。

之，则色自然光莹矣。"先用猛火烤干茶砖表面的水分，再用沸水焯去烟熏的异味，如是三次，然后在火堆旁放一夜，第二天送去"烟焙"。所谓烟焙，绝非烟熏，而是使用那种燃烧过半、完全看不见明火和黑烟的白炭来慢慢烘烤。如果炭火猛烈的话，茶砖骤然受热，表面会鼓起小疙瘩，而且颜色发黑。如果炭还冒烟的话，在烟气熏蒸之下，茶香尽失，茶味焦苦。所以焙茶须用白炭，温度不高不低，比体温稍高就行了。烘焙的次数取决于茶砖的厚度，厚砖烘焙十到十五次，薄砖烘焙六到八次。烘焙次数达到要求以后，再入笼稍蒸，使茶饼恢复本来的色泽。蒸过之后，立即放进密不透风的室内，用扇子猛扇，茶饼自然会变得油光可鉴，品相上佳。

鉴于烘焙工艺对制造宋茶是如此重要，所以宋朝人习惯上将制茶的工厂简称为"焙"。例如建瓯凤凰山的北苑茶厂被尊称为"御焙"，又名"龙焙"，一名"正焙"，而北苑周边的民间茶厂则被称为"外焙""浅焙""私焙"。

宋茶也有假冒

跟正焙比，外焙处于下风。

首先，正焙拥有全国最好的茶园——建瓯凤凰山皇家茶园，又拥有全国最适合造茶的水源——龙井。此龙井可不是杭州西湖的龙井，而是位于建瓯市东峰镇焙前村的一口浅水井，井水清冽甘甜，仿佛泉水，故此人称"龙焙泉"，又名"御泉"。

蔡襄《茶录》云："茶味主于甘滑，惟北苑凤凰山连属诸焙所产者味佳，隔溪诸山虽及时加意制作，色味皆重，莫能及也。"宋茶的最高品质是甘香厚滑，但只有凤凰山北苑的茶能达到这个标准，一离开北苑就不行了，附近茶园的茶无论怎样用心加工，都赶不上北苑茶。

赵汝砺《北苑别录》云："尝谓天下之理未有不相须而成

者，有北苑之芽，而后有龙井之水，其深不以丈尺，清而且甘，昼夜酌之而不竭，凡茶自北苑上者皆资焉。亦犹锦之于蜀江，胶之于阿井，讵不信然？"上帝造物的时候一定是成双成对来制造的，无论什么东西都能找到它的最佳搭档。比方说北苑贡茶的最佳搭档是龙井水，如果没有龙井水，就无法制造北苑茶，于是人们在发现了北苑茶以后，紧接着就发现了龙井水。龙井的水位很浅，距离地表不到一丈，取水方便，既清又甜，一天二十四小时从井中取水研膏，也不能使水位下降，所以北苑贡茶全靠此水加工。北苑茶离不开龙井水，就像四川的蜀锦离不开蜀江，山东的阿胶离不开阿井一样。

其次，正焙是官焙，是专为皇帝做茶的机构，做茶不计人力和工本，当然能造出最好的茶。每年惊蛰造头批贡茶，只摘顶芽，剥掉外膜，反复研膏十几遍，反复烘焙七八遍，一亩地的茶园只够加工一两枚棋子一样的小砖。你让民间茶人如此做茶，岂不是要人倾家嘛！

外焙不如正焙，外茶不如贡茶，在帝制时代是理所当然，反正贡茶是专供皇家享用的，咱老百姓没那个福分，不用羡慕嫉妒恨。可是外焙之茶也有高低贵贱之分，某款茶砖出了名，消费者趋之若鹜，奸商眼见有利可图，就开始造假了。

建瓯有一座壑源山，又名"南山"，在凤凰山东北方向，距北苑约两公里[①]，盛产好茶，是外焙中的极品，据说品质仅次于北苑[②]。每当北苑的产量达不到朝廷要求的时候，地方官就会从壑源采购毛茶，做成贡茶，所以壑源茶在消费者心目中的品牌美誉度非常之高。

在壑源北面不远处又有一个名叫"沙溪"的地方，茶叶品质距壑源远甚[③]，价格自然也比壑源茶低得多。

让我们看看壑源的茶叶有多么走红吧：第一声春雷刚刚响起，别处的茶农刚刚开始背着竹篓上山，壑源的茶农就已经应接不暇了。茶贩们挑着担子、提着箱子来买茶，有的预先付下货款，有的等不到茶砖出焙就争相抢购，所以壑源茶总是供不应求。有狡猾的壑源茶农偷偷地把沙溪的茶黄放进自家的棬模，冒充壑源茶出售。很多茶贩只听过壑源茶的大名，不知道真正的壑源茶是什么样子，一瞧棬模是壑源的，就以为买到了正品货。其实从比例上说，茶农每卖掉十斤壑源茶，其中就掺有五斤沙溪茶。当然，沙溪的茶农也不是吃素的，也跟着掺假：他们将松树的花粉掺进沙溪茶，这样做出来的茶饼油光可

---

① 《东溪试茶录》载："壑源口者，在北苑之东北，南径数里。"据今人考证，宋之壑源应为今日福建省建瓯市东峰镇福源村。
② 参见《苕溪渔隐丛话》前集卷四十六："北苑，官焙也，漕司岁以入贡茶为上；壑源，私焙也，土人亦入贡茶为次。"
③ 参见《苕溪渔隐丛话》前集卷四十六："若沙溪，外焙也，与二焙相去绝远，自隔一溪，茶为下。"

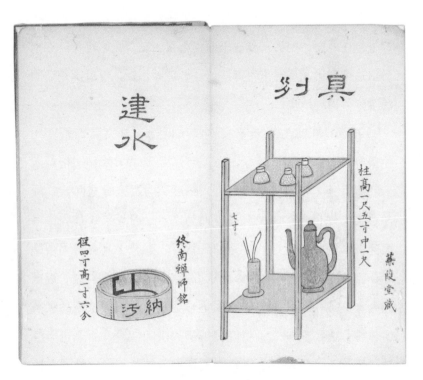

具㽞

挂髙一尺五寸中一尺

七寸

蒹葭堂蔵

建水

終南禅師銘

径四寸高一寸六分

卖茶翁茶器图　木孔阳/编

鉴，可以冒充高档茶。

宋徽宗在《大观茶论》中写道："又有贪利之民，购求外焙已采之芽，假以制造；碎已成之饼，易以范模。"奸商将好茶包在外面，把劣茶藏在里面，重新压制，真假难辨。连宋徽宗这个高居九重的皇帝都知道这种造假行径，可见宋茶造假泛滥到了何种地步。

宋朝的奸商与黑心茶农不仅用低档茶冒充高档茶，还往茶叶里掺一些别的叶子。黄儒《品茶要录》云："茶有入他叶者，建人号为入杂。銙列入柿叶，常品入桴槛叶，二叶易致，又滋色泽，园民欺售直而为之。试时无粟纹甘香，盏面浮散，隐如微毛，或星星如纤絮者，入杂之病也。善茶品者，侧盏视之，所入之多寡，从可知矣。向上下品有之，近虽銙列，亦或勾使。"建安茶农将早春采摘的茶芽做成高级茶饼，统称为"銙列"；将晚春采摘的茶叶做成普通茶饼和散茶，统称为"常品"。做銙列通常掺入柿叶，做常品通常掺入苦丁叶，这两种叶子既容易获得，又可以改善成品茶的色泽。我们调制茶汤的时候，如果发现茶汤不甜，泡沫分散，还有丝丝缕缕的絮状物悬浮其中，说明中招了，买到了掺假的茶叶。有经验的品茶师将茶碗倾斜过来观察一下，就能鉴别出究竟掺了多少假。过去掺假的通常是普通茶，现在连高档茶都有掺假的，真是世风日下，令人痛心啊！

第四章

喝
茶

宋茶很奇妙，宋朝人喝茶的方式更奇妙。

第一，他们从来不洗茶，第一泡茶不倒掉，端起茶碗就喝，似乎完全不考虑茶里可能会有泥沙、污垢、金属氧化物和药物残留。

第二，他们很少使用盖碗。当时喝茶的容器不是茶杯，而是茶盏，茶碗有碗托，却没有碗盖，所以宋朝不流行盖碗茶。

第三，宋朝已经有了矿泉水，专供泡茶的矿泉水，一些讲究生活品质的宋朝茶人居然会从千里之外订购瓶装出售的惠山泉。

第四，还有一些技艺高超的宋朝男士，你给他一碗茶汤，不加牛奶和咖啡，他竟然可以在茶汤上画出画来，写出字来，犹如现代咖啡馆里那些在拿铁咖啡或者抹茶拿铁上绘制精美图案的拉花师。

现在让我们带着这些奇妙的意象，去宋朝喝喝茶。

刚刚点好的一盏宋茶

从煎茶到点茶

本书开场白中已经提到，宋朝人喝茶跟唐朝人不一样，唐朝人煎茶，宋朝人点茶。煎茶是把茶粉放到锅里，煮成茶汤[①]；点茶是把茶粉放到碗里，调成茶汤。

煎茶是唐朝人的喝茶方式，点茶是宋朝人的喝茶方式，但是我们仔细观察会发现，唐朝其实也有点茶，宋朝其实也有煎茶。

陆羽《茶经·六之饮》："乃斫，乃熬，乃炀，乃舂，贮于瓶缶之中，以汤沃焉，谓之痷茶。"拿起一块茶砖，斫开，捣碎，舂成茶粉，放在茶瓶或者茶罐之中，浇入滚水，调

---

① "煎茶"一词在本书中多次出现，有时是唐朝的煎茶，有时是日本的煎茶，其含义并不相同。唐朝的煎茶是一种饮茶方式，指的是将茶粉煮成茶汤；日本的煎茶则是一种蒸青绿茶，像我们中国人喝炒青茶一样冲泡饮用。

唐朝人将茶叶磨成茶粉，在锅里煮成茶汤

成茶汤，这在唐朝叫作"痷茶"。你看，点茶法在唐朝已经现出了一缕曙光。

再往前追溯，三国时期可能就有了点茶。据成书于三国时期的中国第一部百科辞典《广雅》记载："荆巴间采茶作饼，成以米膏出之。若饮，先炙令色赤，捣末置瓷器中，以汤浇覆之，用葱姜芼之，其饮醒酒，令人不眠。"在湖北与四川的交界处，人们采摘茶叶，做成茶砖，并在茶砖的外面涂上一层糯米糊①。饮用之前，先把茶砖烤到发红，捣成细末，放在瓷制的容器当中，浇入滚水，放入葱姜，像喝粥一样喝它，有醒酒和提神之功效。很明显，这是更加古老的点茶法。

从三国到宋朝，点茶法越来越成熟，深邃的茶瓶和茶罐被茶碗代替，压制茶香的食盐和葱姜被淘汰出局，烘焙茶砖时的炭火温度也越来越低，烟熏火燎气消失了，喧宾夺主的糯米香消失了，纯正的茶香占据上风，点茶法终于成为广大国民饮茶方式的主流选择。

但是在民间，在某些地方，煎茶法仍然有着顽强的生命力。

苏东坡《和蒋夔寄茶诗》云："清诗两幅寄千里，紫金百饼费万钱。……老妻稚子不知爱，一半已入姜盐煎。"朋友

---

① 把糯米糊涂抹于茶砖之上，既可以防止潮气侵入，又可以增添糯米的香味。南宋茶农做低档蜡茶，也喜欢使用糯米糊，以代替成本高昂的麝香、龙脑等名贵香料。

蒋夔不远千里寄来一百枚小茶砖，苏东坡还没开始品尝，就被老婆和孩子放到锅里，加盐加姜煎成了茶汤。东坡是雅人，是接受并掌握了点茶法的雅人，是宋朝主流饮茶方式的代表人物，可是他的老婆孩子仍然坚持煎茶，不懂点茶。

苏东坡的弟弟苏辙应该也在坚持煎茶，他写过一首长诗《和子瞻煎茶》：

年来病懒百不堪，未废饮食求芳甘。

煎茶旧法出西蜀，水声火候尤能谙。

相传煎茶只煎水，茶性仍存偏有味。

君不见，闽中茶品天下高，倾身事茶不知劳。

又不见，北方茗饮无不有，盐酪椒姜夸满口。

我今倦游思故乡，不学南方与北方。

铜铛得火蚯蚓叫，匙脚旋转秋萤光。

何时茅檐归去炙背读文字，遣儿折取枯竹女煎汤。

煎茶的特征是连水带茶一起煮，点茶的特征是只煮水不煮茶，将水烧开，"点"在茶粉之上，以免长时间的高温破坏茶的真味。苏辙懂得这个道理，所以他说："相传煎茶只煎水，茶性仍存偏有味。"可是身为西蜀子弟，他又怀念故乡的"煎茶旧法"，故此后面又来了这么一句："铜铛得火蚯蚓叫，匙脚旋转秋萤光。"用铜锅烧水，烧得锅底唧唧作响，待水烧开，把茶粉舀到锅里煎煮，一边煎，一边用勺子搅动茶汤，使茶粉与热水均匀融合，在火光的映照下折射出亮闪闪的银光。

煎茶与点茶，哪种方式更能体现茶的美味？当然是点茶。用南宋评论家胡仔的话说："止曰煎茶，不知点试之妙，大率皆草茶也。"是说如果只知道煎茶，不懂得点茶，很可能是因为没有福气品尝片茶，只能消费低档的草茶。

我们知道，片茶是用蒸青碾膏工艺制成的砖茶，草茶是只蒸青而不研膏的散茶，砖茶倒未必一定胜过散茶，但是制茶之时的研膏环节却能最大程度地降低茶的苦味。散茶不研膏，所以它比片茶苦，而为了压制它的苦味，最好加盐煎煮，这就是草茶更适合选择传统煎煮方式饮用的关键原因。

北宋时期生活小册子《物类相感志》①云："草茶得盐，不苦而甜。"草茶是很苦的，加了盐就变甜了。大家如果不信这个小诀窍，可以用日本煎茶试试，看看加盐以后能否消除一些苦味。为什么要用日本煎茶来试验呢？主要是因为日本煎茶跟宋朝草茶一样，都是不研膏的蒸青茶。

---

① 此书是宋人居家生活指南，收录了生活当中的许许多多小诀窍，如怎样炖肉，怎样梳头，怎样去除衣服污渍，怎样辨别香油真假……相传为苏东坡所作，一说为僧人赞宁所作。

干吗要洗茶呢

草茶也好，片茶也罢，饮用时都无须洗茶。

现代人讲究喝茶，第一泡一般不喝，浸上几秒钟，赶紧倒掉，然后再续水品尝第二泡、第三泡、第四泡……宋朝人却刚好相反。南宋王德远《调燮录》云："点试以初巡为美，再饮意味尽矣。"喝茶只喝第一泡，喝到第二泡就没意思了。

只喝第一泡，居然不洗茶，听起来宋朝人好像挺不讲卫生的，难道他们就不怕茶叶里残留农药吗？当然不怕，宋朝哪里有什么农药，人家都是纯绿色无公害有机茶好不好！农药是不会有的，泥沙呢？宋人做茶的时候早就把茶叶上所有的脏东西都漂洗干净了。

本书反复强调，宋茶是蒸青茶，蒸青之前必须漂洗干净。特别是片茶，除了蒸青之前的漂洗，蒸青之后还要进入复杂的

研膏环节：又是压榨，又是舂捣，又是揉捏，又是拍打，其中
又要不厌其烦地多次漂洗，茶叶就像童心一样纯净无瑕，所以
宋人喝茶时候自然不要洗茶。

宋朝茶具也有官衔

宋朝人喝茶的方式跟我们不一样，使用的茶具当然也跟我们不一样。

南宋有一位审安老人，为当时常用的所有茶具列了一个清单，共计十余种，它们分别是：韦鸿胪、木待制、金法曹、石转运、胡员外、罗枢密、宗从事、漆雕秘阁、陶宝文、汤提点、竺副帅、司职方[①]。

看起来好怪异，全是官衔。"鸿胪"即鸿胪寺卿，相当于外交部礼宾司长；"待制"即殿阁待制，属于御前顾问；"法曹"是地方法官，相当于法院院长；"转运"即转运使，相当于省交通厅长；"枢密"即枢密使，相当于军委副主

[①] 参见审安老人《茶具图赞》，商务印书馆1936年版。

台北故宫博物院藏北宋定窑白瓷茶托盏，高6.8厘米，口径11.5厘米，足径4.2厘米

席兼国防部长；"从事"是刺史的幕僚，相当于市长秘书；"秘阁"即秘阁修撰，是高级官员的文学加衔；"宝文"即宝文阁大学士，是更高级的文学加衔；"提点"即提点刑狱，相当于法官兼检察官；"副帅"是军中副统帅，相当于副司令；"职方"即职方司郎中，相当于总参谋部参谋。这些官衔前面还有韦、木、金、石、罗、宗、漆雕、陶、汤、竺、司等字，那都是姓。将姓置于官衔之前，明显是对领导的尊称，类似于我们现在喊人家"韦司长""木局长""金院长""石厅长""罗部长"……

越说越怪异了，一堆茶具竟然被加官晋爵，竟然被尊称为领导，它们究竟是什么样的茶具呢？

看看审安老人在后面的解释就知道了。

"韦鸿胪，不使山谷之英堕于涂炭，子与有力矣，上卿之号，颇著微称。"原来韦鸿胪韦司长就是一个笼子，烤茶时用的笼子。点茶不是得有茶粉吗？茶粉不是用茶砖磨出来的吗？要想把茶砖碾磨成细细的茶粉，首先必须保证茶砖是干的，没有一丁点儿潮气。怎样才能让茶砖没有一丁点儿潮气呢？烤一烤嘛！为了烤得均匀，为了不让茶砖直接碰触到炭火，就得用一个竹笼子把茶砖装起来烤。那为什么又把这样一个竹笼子叫作"韦鸿胪"呢？因为谐音啊——韦鸿胪，围烘炉也，茶笼围着热烘烘的炭炉，故名韦鸿胪。

"木待制，秉性刚直，摧折强梗，使随方逐圆之徒不能保其身，善则善矣，然非佐以法曹，资之枢密，亦莫能成厥功。"秉性刚直，能摧毁坚硬的茶砖，不过要是没有法曹和枢密帮助的话，单靠木待制自己的力量是不能把茶砖变成茶粉的。大家猜猜这个木待制是什么茶具？答案是木杵。木杵可以把茶砖捣碎，但是不能把茶砖变成茶粉，还需要茶碾和茶罗的帮助。木待制者，木呆子也，木杵像楞头青一样直来直去往下冲（舂），岂非木头呆子？所以这里还是以谐音和拟人的手法来命名茶具。

"金法曹，柔亦不茹，刚亦不吐，圆机运用，一皆有法，使强梗者不得殊，轨乱辙岂不毚欤！"原理同上，还是谐音，金法曹即金法槽①。把捣碎的茶砖放进槽里，来回碾压，软叶渗不进去，硬梗溅不出来，用它能把碎茶碾得更碎，把细末碾得更细。很明显，金法槽就是茶碾。何谓"法槽"？就是按照宫廷式样制造的茶碾。何谓"金法槽"？就是仿照宫廷式样用黄金打造的茶碾。范仲淹《斗茶歌》云："黄金碾畔绿尘飞，碧玉瓯中翠涛起。"这里的黄金茶碾可不是艺术上的夸张，那在宋朝是实有其物的。黄金性质稳定，很难氧化生锈，用它碾茶，茶里不会混入金属物质。

---

① 宋朝物品之前凡加"法"字者，多指宫廷式样，如"法酒"即用宫廷配方酿造的酒，"法茶"即用宫廷工艺制造的茶。

"石转运，唛嚅英华，周行不怠……虽没齿无怨言。"这里说的是茶磨。茶磨用两层磨扇做成，下层固定不动，上层转动不休，两层之间是密密麻麻的磨齿，用强大的摩擦力将茶碾成细细的粉末。天长日久，磨齿渐渐地磨平了，但是人家无怨无悔，从来不抱怨。

我们无须一条一条地详细解释，简而言之，韦鸿胪、木待制、金法曹、石转运、胡员外、罗枢密、宗从事、漆雕秘阁、陶宝文、汤提点、竺副帅、司职方，分别是烤茶的笼子、捣茶的木杵、金铸的茶碾、石雕的茶磨、用丝布和竹片捆扎的茶罗、用棕毛做的茶帚、刷了红漆的木制茶托、陶瓷的茶碗、烧水和点茶用的提梁铁壶、竹子做的茶筅、茶事结束时用来擦拭茶具的那块四四方方的丝布，以及用葫芦做成的水瓢。

我的天，喝个茶而已，居然需要这么一大堆稀奇古怪的茶具！可见在宋朝喝茶，真不是一件简单的事。

胡员外　　　　　　　　　　金法曹

木待制　　　　　　　　　　罗枢密

《茶具图赞》原图12幅

漆雕秘阁

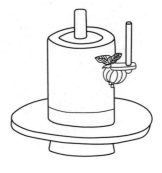

石转运

司职方

汤提点

《茶具图赞》原图12幅

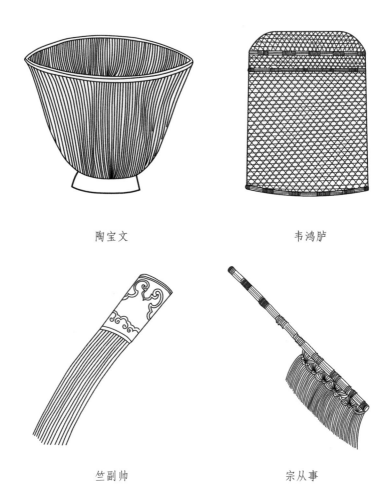

陶宝文　　　　　　　　　　　韦鸿胪

竺副帅　　　　　　　　　　　宗从事

《茶具图赞》原图12幅

怎样用宋朝茶具喝茶

　　审安老人只罗列茶具，没有讲明用法，要想弄明白宋朝人怎么使用这些茶具，我们还需要阅读《茶录》《品茶要录》《大观茶论》《北苑别录》和《宣和北苑贡茶录》。本书为了节省广大读者的宝贵时间，不再引述大段古文，直接用现代白话转述给大家听。

　　第一步，取一枚小茶砖，先不要撕掉外面包裹的那层纸①，放到石臼中，用木杵轻轻捣碎。

　　第二步，撕开纸裹，将碎了的茶砖倾入茶碾，来回推动碾轮。如果茶碾不是黄金打造，而是用熟铁或青石打造，则推动碾

---

① 宋朝片茶通常用白色的纸囊包裹，但是也有人提倡用锡箔裹茶，反对用纸，如南宋周煇认为："贴以纸，则茶味易损。"明朝茶人许次纾亦言："茶性畏纸，纸于水中成之，水气内藏，用纸裹茶，茶易受潮。雁荡诸茶，首坐此病，以其每以纸贴寄远，安得复佳？"

南宋刘松年《撵茶图》（局部），一人站在方桌旁边，左手持茶盏，右手提汤瓶，正要点茶；此人左手边有一座正在烧水的风炉，右手边是贮水瓮；方桌上是筛茶的茶罗、贮茶的茶盒，以及茶盏、茶托、茶匙、茶筅等用具

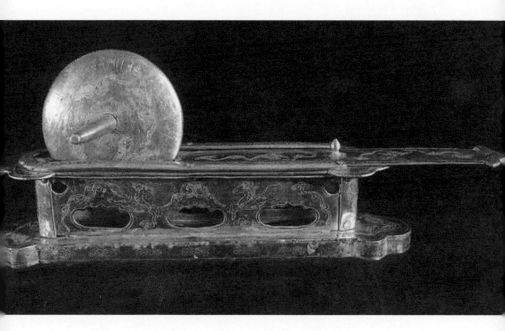

陕西宝鸡法门寺地宫出土的唐代鎏金茶碾

轮时一定要快速而有力，以免碾轮和碾槽里的氧化物污染茶粉。

第三步，一手托起茶碾，另一只手拿起棕树皮做的刷子，把碾槽里的碎茶扫进茶磨的磨孔，然后一圈一圈地旋转茶磨，直到把碎茶磨成茶粉。

第四步，揭开上面那层磨扇，放到一边，再用棕刷把茶粉扫出来，扫到茶罗上，再把茶录放在茶盏上。

第五步，两只手托起茶盏，用拇指夹紧茶罗，轻轻地晃动茶罗与茶碗，把最细的茶粉筛入盏底。

第六步，用带有提梁、腹大嘴长的铁壶、金壶或者长嘴小铜壶烧开一壶水，静置片刻，待水温降到90℃左右，将壶嘴对准盏底，浇少许热水在茶粉上，用茶筅搅拌均匀，搅成浓稠的茶糊。

第七步，往茶盏里续水，一边续水，一边用茶筅搅动。续水的速度应先慢后快，搅动的力度应先轻后重，熟练地运用腕力和指力，往同一个方向旋转着搅，一边搅，一边上下敲击，使茶粉与热水迅速而均匀地融为一体，泛出一层乳白的、浓厚的、经久不散的茶沫。

第八步，把茶碗放在白瓷盏托或者红漆木托之上，端起来，趁热饮用，把盏里的茶汤喝完。如果发现盏底还残留着一些茶粉，请再次续水，再次搅动，喝第二巡，也就是第二泡。

第九步，洗刷茶盏和茶筅，用丝布擦拭干净。

本书作者使用的茶磨

长嘴小铜壶，可烧水，亦可注汤点茶

这件瓷壶高20厘米，口径7厘米，足径7厘米，为唐宋过渡期邢窑白瓷汤瓶
（现藏台北故宫博物院），可用来往茶盏中注水调汤，但不可以烧水

先将茶粉放入茶
盏，加水调膏

再往盏中注入更
多热水，边用茶
筅搅拌击打

在茶筅的搅拌敲击
下，空气融入茶汤，
形成细密泡沫，泡沫
越来越厚，茶色越来
越白

紫砂壶不在话下

目光如炬的读者朋友想必已经注意到了，刚才介绍宋朝茶具，竟然没提到紫砂壶。

现代中国人特别痴迷紫砂茶具，据说是因为紫砂壶透气性能特好，手感也特好，质地温厚，颜色古朴，让人瞧着喜欢，满满的都是爱。玩紫砂壶的朋友还喜欢"养壶"，例如在饮茶之时得了强迫症似地不停用养壶笔擦拭壶身，再例如当天用紫砂壶泡过茶，留一点茶叶渣儿，第二天再倒掉，时间长了，茶香渗入壶身，冲一壶开水进去，即使不放茶叶，也能泡出浓浓的茶香。

我对紫砂壶一向兴趣不大，对养壶之举更是莫名其妙。您想啊，用隔夜茶养壶，紫砂壶的毛孔里都渗满了变质的茶汤，不但不卫生，还会影响下一道茶的味道喔！

当然，我也就是在书里发发牢骚，从来不敢当面对痴迷紫砂的朋友讲这些话，因为我怕挨揍。不过我觉得我在宋朝可以找到共同语言，因为宋朝士大夫跟我一样拒绝使用紫砂茶具。

宋朝人用的茶碗主要是瓷盏（宋人诗词中有用玉碗点茶的描写，但很可能只是艺术夸张），当时公认最适合点茶的瓷碗是福建产的建窑兔毫盏，没有人使用紫砂碗。宋人使用的茶壶主要用金属铸造，而且只用来烧水，不能直接在壶里泡茶。至于那些捣茶、碾茶、磨茶、筛茶的茶具，或木或石，或金或铁，更不可能跟紫砂扯上关系。

宋朝瓷器烧造工艺空前发达，宋瓷在当时已是享誉世界，但是正如拙著《吃一场有趣的宋朝饭局》所描述的那样，宋朝人并不把瓷器视为贵重物品或高雅用具，士大夫与富裕市民吃饭喝酒时宁可用金银器皿、玻璃器皿和红漆木器，也不愿意用瓷器招待贵重客人。唯独在喝茶的时候，他们不得不用瓷碗点茶，因为瓷碗耐高温，且无异味。

宋人不提倡使用那种薄如纸、明如镜的青瓷碗点茶，他们偏爱那种胎厚釉深的茶碗。蔡襄说过："茶色白，宜黑盏，建安所造者绀黑，纹如兔毫，其坯微厚，熁之久热难冷，最为要用。出他处者，或薄，或色紫，皆不及也。其青白盏，斗试家自不用。"好的茶汤都是洁白鲜亮的，为了突出茶

南宋建窑黑釉兔毫盏（正面）　　　南宋建窑黑釉兔毫盏（背面）

台北故宫博物院藏南宋建窑黑釉兔毫盏（已有破损），高
6.5厘米，口径11.5厘米，足径4.2厘米

台北故宫博物院藏北宋定窑白瓷茶盏，
高5.6厘米，口径13.4厘米，足径3.2厘米

台北故宫博物院藏南宋龙泉窑青
瓷茶盏，高5.2厘米，口径13.2厘
米，足径2.8厘米

往兔毫盏中注入清水，可以看到
美丽的条纹与星光

汤的洁白，我们应该选用黑色的茶碗。宋朝最好的茶碗出自建窑，人称"建盏"，这种茶碗釉色青黑，内壁呈现出放射状的细密条纹，状如兔子的毛发，看起来非常美丽。建盏的坯胎较厚，烤热以后能长时间保温，最适合点茶。其他地方烧造的茶碗要么太薄，要么釉色偏紫，都比不上建盏。宋朝市面上还有青色和白色的茶碗，懂得喝茶的人是不会选用的。

茶盏是很重要，不过宋朝瓷器价格低廉，买茶碗的成本在整套茶具当中几乎可以忽略不计，真正要花钱的茶具还是茶碾和茶磨这些笨重家伙。南宋时，湖南长沙出产精美茶具，除了茶碗、茶筅与茶布，其他全用纯银铸造，"每副用白金三百星或五百星"①"工直之厚，等所用白金之数"②。一套茶具要消耗300两到500两白银，另外还要加上同样数量的工价。也就是说，购买一套精美茶具，竟然要花600两到1000两银子。

跟今天相比，宋朝银贵金贱③，南宋中叶一两银子可以兑换铜钱千文以上，其购买力相当于人民币500元。换算之后可以得知，当时一套精美茶具的价格竟然在30万元到50万元之间！

我们不要骂宋朝人烧包，因为陕西宝鸡法门寺地宫出土

---

① 周密《癸辛杂识》前集《长沙茶具》。
② 周辉《清波杂志》卷四《茶器》。
③ 在中国历史上，黄金与白银比价呈上升趋势，即黄金越来越贵，白银越来越贱，宋朝时金银比价大约是1:14，即14两银子就可以兑换1两黄金。

过一套唐朝茶具，从烤茶的笼子、碾茶的茶碾，到烧水的风炉、投茶的茶匙，全部用黄金加白银打造，比用纯白银的南宋长沙茶具还要名贵，还要不惜工本喔！

法门寺地宫出土的全套金银茶具

来自宋朝的瓶装矿泉水

常识告诉我们，越是名贵的物品，人们越不注重实用价值。一套售价几十万元的茶具不可能将草茶点出片茶的味道，更不可能把茶粉泡出咖啡的味道，把这样一套纯银茶具摆到家里，甚至都不舍得使用，那它有什么用处呢？用南宋周煇的话说："士夫家多有之，置几案间，但知以侈靡相夸，初不常用也。"士大夫买到名贵茶具，无非是放在家里摆阔，很少有人用它喝茶。

周煇的话中有一个亮点："士夫家多有之。"像那种三五十万一套的茶具，很多士大夫家都有，这说明什么？一是说明宋朝士大夫有钱，二是说明他们把喝茶这件事看得很重。

宋朝士大夫除了愿意在茶具上砸钱，还会不怕麻烦不惜工本地去订购点茶用的矿泉水。南宋王德远《调燮录》载："水之宜茶者，以惠山石泉为第一，故士夫多使人往致之，市肆间亦以砂瓶盛贮售利者。"据说天下最适合点茶的水是产自江苏无锡的惠山泉，所以宋朝士大夫常常派遣仆人不远千里去惠山取水，再运回来点茶。因为有这种需求，所以市面上也有商贩出售惠山泉，用砂瓶装起来，卖给讲究生活品质的风雅之士。

唐朝陆羽著《茶经》时，将长江镇江段江心涌出的中泠泉列为天下第一泉，将惠山泉列为天下第二泉。到了宋朝，惠山泉夺了中泠泉的大位，一跃而为天下第一，深得宋朝士大夫的追捧。苏东坡诗云："踏遍江南南岸山，逢山未免更留连。独携天上小团月，来试人间第二泉。"天上小团月即北苑茶，人间第二泉即惠山泉，前者为茶中魁首，后者为水中翘楚，为了体验好水配好茶的美妙享受，苏东坡不惜千里迢迢跑到惠山。

但是这样喝茶实在太过麻烦，所以苏东坡又有诗曰："岩垂匹练千丝落，雷起双龙万物春。此水此茶俱第一，共成三绝鉴中人。"这首诗的题目是《元翰少卿宠惠谷帘水一器、龙团二枚，仍以新诗为贶，叹味不已，次韵奉和》，可见苏东坡的朋友元翰少卿寄来了两枚北苑茶和一瓶惠山泉，使老苏无须再亲去惠山品试了。

苏东坡还有一个好朋友名叫郭祥正，也是宋朝非常有名气的诗人，人称"李白再世"，其诗作中有一首《谢胡丞寄锡泉十瓶》："怜我酷嗜茗，远分名山泉。兹山固多锡，泉味甘尤偏。幸遇佳客便，十瓶附轻船。开瓶嫩清冷，不待同茗煎。"锡山离惠山极近，这里的"锡泉"实际就是惠山泉。人家给郭祥正寄送惠山泉，一寄就是十瓶，看来郭祥正比苏东坡还要更有面子。

欧阳修《大明水记》云："水味有美恶而已，欲求天下之水一一而次第之者，妄说也。"各地水质虽然不同，但都有甜有苦有清有浊，无论哪个地方都有好水，无论哪个地方都有劣水，如果纯以地域论英雄，说某地之水天下第一，某地之水倒数第一，那叫胡扯。但是欧阳修晚年在安徽阜阳隐居时，也托门生从江苏无锡捎回过惠山泉，可见他老人家也有追赶潮流的冲动。还有一回，他请大书法家蔡襄给他写了一幅字，事后付给蔡襄"鼠须栗尾笔、铜绿笔格、大小龙茶、惠山泉等物为润笔"[1]，说明惠山泉在他心目中可跟古董与名茶并驾齐驱，绝对是拿得出手的好水。

宋朝极可能还有一种比惠山泉还要适合点茶的水：竹沥水。据北宋笔记《江邻畿杂志》记载，我的开封老乡苏舜钦跟蔡襄比赛谁点的茶更好喝，蔡襄用的是高档茶，苏舜钦用的是普通茶，但是最后苏舜钦赢了。他为什么能赢呢？因为蔡襄用的是惠山泉，而他用的是竹沥水。

---

[1] 欧阳修《归田录》卷二。

《斗茶图》，图上卖茶小贩背后腰间都斜插一把像雨伞一样的东西，那不是伞，是盛放泉水的砂瓶

竹沥水是产自天台山的泉水。将打通关节的竹子连接起来，做成一个长长的管道，将天台山上的泉水引到山下，用大缸盛起来，沉淀一夜，再分装到砂瓶里面，封口，贴上标签，运往全国各地出售，此即竹沥水。

市间出售的惠山泉，天台山上的竹沥水，都用砂瓶封装，听起来很像现在的瓶装矿泉水。但是宋朝的水质净化和密封包装技术毕竟处于非常原始的阶段，瓶装泉水在长途运输和层层分销的过程中会慢慢变质。为了解决这一问题，宋朝茶人在买到瓶装水以后还要再处理一下。怎么处理呢？"用细沙淋过，则如新汲时。"①把瓶中已经变质的泉水倒出来，倒到一个干净的容器里，撒入细沙，使其沉淀，澄清后就没有异味了，跟新汲的泉水一样。

其中原理并不复杂：沙子颗粒小，表面积相对大，带有大量的自由电子，而水中也有很多带电的杂质颗粒，所以沙子的电子就会跟杂质的电子正负相吸，聚成一团，然后慢慢地沉淀下来，于是变质的泉水就焕然一新了。

---

① 《清波杂志》卷四《拆洗惠山泉》。

打出茶沫有什么用

　　宋徽宗《大观茶论》："茗有饽，饮之宜人，虽多不为过也。"什么意思呢？就是说好的茶汤能产生一层厚厚的泡沫，喝下去对身体有好处，即使喝得很多，也有益而无害。

　　我们知道，茶能健胃，也能伤胃，能提神，也能醉人，能造血，也能让人贫血，能固齿，也能增加骨折的风险。总而言之，喝茶有利也有弊，喝得适量则有利，喝得过多则有弊。可是宋徽宗却说茶汤表面那层厚沫可以多喝，喝多少都没事儿，他的话有没有科学道理呢？

　　我把该问题发在科普网站上，向各路高手请教，结果响应者寥寥，还有朋友在跟帖上反问道：茶汤怎么会有泡沫呢？你当是喝啤酒啊！

　　啤酒有泡沫，茶汤没泡沫，这是咱们现代中国人的常识。

泡一壶龙井，云淡风轻，茶叶载沉载浮，茶汤波澜不兴，往茶杯里一倒，清澈见底，绝对没有泡沫。如果有，只能说明茶杯没刷干净，或者泡茶用的水受了污染。

但是宋人喝的茶跟咱们喝的茶颇有不同，那时候的茶确实有泡沫，而且那时候的茶人还特意追求泡沫——茶汤表面如果不涌出一层泡沫来，就说明茶艺不过关，就不好意思端给客人品尝。遥想当年，曾巩的弟弟曾布在翰林院上班，朋友去拜访他，他亲手调制茶汤，朋友一瞧，茶碗里一点泡沫都没有，就讽刺他："尔为翰林司，何不解点茶？"①你老兄身为翰林学士，怎么连一碗茶汤都弄不好呢？一句话把曾布臊了个大红脸。

苏东坡的弟弟苏辙就比曾布强多了，此人晚年在豫南定居，"独坐南斋久，忘家似出家。香烟袅作穗，茶面结成花。"（苏辙《南斋独坐》）他燃的香久久不散，缕缕香烟在半空中缠绕成稻穗一般的造型；他泡的茶浓淡适中，茶汤堆起厚厚的泡沫，泡沫上还能泛出漂亮的花纹。

在宋朝茶人的心目中，茶汤上面那层泡沫是如此重要，以至于很多人都在诗词里赞美它。如北宋大臣丁谓《咏茶》："萌芽先社雨，采掇带春冰。碾细香尘起，烹新玉乳凝。"将

---

① 高晦叟《珍席放谈》卷下。

初春萌发的茶芽制成小茶砖，放在茶碾中碾成细细的茶粉，再放入茶碗用热水冲点，点出的茶汤宛如打了泡的奶茶，凝起一层雪白的泡沫。再如梅尧臣《茶灶》："山寺碧溪头，幽人绿岩畔。夜火竹声干，春瓯茗花乱。"这首诗里的"茗花"指的自然也是茶沫。苏东坡的老朋友、那位以怕老婆而闻名于世的陈季常老兄也描写过茶沫："茗瓯对客乳花浓，静听挥犀发异同。度腊迎春如此过，不知人世有王公。"新年即将到来，客人登门拜访，陈季常烹茶相待，主宾对饮，一边谈天说地，一边开心地欣赏着茶碗里的泡沫，感觉非常惬意。

想让茶汤泛出泡沫并不难，如果想让茶沫涌泛得足够厚、停留时间足够长，那就难了，而宋朝士大夫斗茶，所斗的偏偏正是茶沫的厚度和存续时间。宋人常讲"云头雨脚"，云头即指乳白色的茶沫，雨脚即指茶沫下面的茶汤，云头要厚，要把雨脚完全遮盖起来，还不能只遮盖那么两三秒钟。

怎样才能让云头足够厚、存续时间足够长呢？首先茶要好，必须是货真价实的蒸青研膏茶①；其次茶盏要厚，底要深，口要小，便于保温（茶汤温度下降过快会让茶沫迅速消散）；然后水温要合适，根据我的经验，水温低于80℃或者超过95℃都难以形成茶沫；最后还必须要借助合适的工具，例如茶筅。

---

① 只要水温适度、手法得当，用乌龙茶粉、普洱茶粉和抹茶粉也能打出泡沫，但是茶沫偏薄、存续时间偏短。

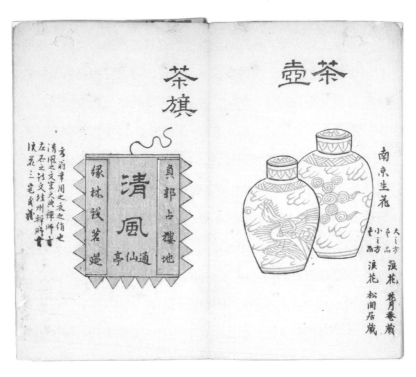

茶旗　　　　　　　　　　　壶茶

　　　　　　　　　　　　　　　　南京生花

負郭占樓地　　　　　大ⱒ方

清風通仙亭　　　　　　ⱒ品　滇花

　　　　　　　　　　　　　節甚藏

緣林餞茗遲　　　　小ⱒ方

　　　　　　　　　　　　滇花

　賣翁常用之夜之偁也　松間居藏

清風之ⱒ霊大典禪師書

左不之許文挂州稱哛

筷花三毫食讀

卖茶翁茶器图　木孔阳/编

见识过日本抹茶的朋友肯定都见过茶筅，竹子制成，外观跟打蛋器似的。但宋朝人所用的茶筅却是扁的、薄薄的，更像散开的扫帚，比日本茶筅更轻便，击打茶汤的速度也更快。如果没有茶筅，我们不妨借用牛奶打泡器，将调匀的小半碗茶汤放在打泡器的喷嘴下面，开动机器，边打边加热，一样能打出厚厚的茶沫。

　　有的朋友可能会问：费这么大劲为茶汤打泡沫究竟有什么用呢？我觉得很有用，因为茶沫不仅仅好看，还很好喝：茶里溶入大量的空气，口感会很轻，很软，很柔和，轻柔的茶沫停留在舌尖上，非常享受。至于它相对普通茶汤而言是否真的更加有益健康，喝多了是否真的完全无害，那就需要专家来鉴定了。

怎样在茶上写诗作画

现在有一些拉花师，可以在拿铁咖啡以及抹茶拿铁上作画，宋朝茶人也有这个本事。

宋初大臣陶穀在《清异录》中写道："茶至唐始盛，近世有下汤运匕，别施妙诀，使汤纹水脉成物象者，禽兽虫鱼花草之属，纤细如画，但须臾即散灭，此茶之变也，时人谓之茶百戏。"喝茶的风气是在唐朝兴盛起来的，在茶汤上作画的技艺却出现于"近世"，也就是五代十国和北宋初年。这是一门非常神奇的技艺，表演者一手下汤（往茶碗里注入热水），一手运匕（用尖头的茶匙迅疾而巧妙地搅拌茶汤），茶汤表面很快浮现出一个个栩栩如生的图案，或如飞禽，或如走兽，或像昆虫，或为花草，就像用画笔勾勒出来的素描。随着茶汤的不断注入，同时也随着手法的不断改变，上一个图案消失了，下一个图案又冒出来了，旋生旋灭，不即不离，犹如佛陀眼中的大千世界。

在宋朝，这门技艺被称为"茶百戏"，又被称为"分茶"。

南宋地理学家周去非说："雷州铁工甚巧，制茶碾、汤瓯、汤柜之属，皆若铸就，余以比之建宁所出，不能相上下也。夫建宁名茶所出，俗亦雅尚，无不善分茶者。"[1]广东雷州的铁匠善做茶具，打造的铁茶碾、铁茶壶和铁茶柜极其精巧，浑然一体，就像用现成的模具铸造而成。雷州人喜欢喝福建出产的建安茶，并能用建安茶表演分茶，几乎没有人不会这门技艺。当时雷州尚未开发，近似于蛮荒之地，连这种地方都"无不善分茶者"，足证分茶在南宋已经到了非常普及的地步。

现代拉花师在咖啡和抹茶上拉花，主要依靠的是牛奶：将牛奶打成奶泡，与咖啡或抹茶混合，由于两种液体的密度不同，颜色也不同，所以才能让奶泡有规律地浮现在上面，从而形成漂亮的图案。宋朝人纯用茶汤这一种液体，怎么可能弄出图案来呢？

方法有两种。

第一种，把茶汤点得特别稠，像稠粥一样，然后用一根

---

[1] 《岭外代答》卷六《器用门·茶具》。

本书作者使用的熟铁茶碾。铁碾与石碾价格低廉，但铁碾易生锈，石碾易磨损，宋徽宗赵佶曾在《大观茶论》中提倡银碾，而白银又易变形。事实上，只要将茶饼焙干焙透，仅靠茶磨与茶罗就能得到极细的茶粉，茶碾并非必需之物

现代分茶表演通常是用茶匙或竹签蘸上浓稠的茶泥在茶汤表层的泡沫上勾画图案

开封故阙堂王东的分茶作品：大宋茶道

顶端略有突起的细竹棍儿蘸着更为浓稠的茶糊在茶汤的表面轻轻勾画。这种方法比较简单，相对容易掌握，勾画出来的图案又能保持较长时间，便于让推广宋茶的现代茶商向媒体和顾客展示。

第二种，先点出半碗茶汤，不要点那么稠，但是一定要点出厚厚的泡沫，然后注入细细的水流，一边注水，一边有规律地倾斜和转动茶碗，此时就会有青黑的图案从碗底冒出来……这才是正宗的宋朝分茶。跟前一个方法相比，这个方法要难得多，必须靠不断摸索和艰苦练习才能掌握其基本要领。

茶汤之所以能在水流的冲击下形成图案，跟其成分有很大关系。现在大家已经知道，宋茶是蒸青研膏茶（此处特指片茶，不包括草茶），在研膏的时候，茶多酚大量流失，同时又有少量的茶油稀释并附着于茶上。这使得宋茶接近于牛奶，更容易打出松软的泡沫，也使茶汤更容易分层：表层是雪花一般的泡沫，底下是含有油脂的青黑茶汤，在巧妙的水力冲击下，泡沫有规则地分开，而油脂则丝丝缕缕地浮出水面，自然会形成黑白分明的美妙图案。

南宋诗人杨万里在《澹庵坐上观显上人分茶》诗中描写了正宗的分茶表演是什么样子：

分茶何似煎茶好，煎茶不似分茶巧。

将起泡牛奶倒入抹茶之中，可以形成美妙的图案，宋朝
茶百戏的原理与此相通

蒸水老禅弄泉手，隆兴元春新玉爪。

二者相遭兔瓯面，怪怪奇奇真善幻。

纷如擘絮行太空，影落寒江能万变。

银瓶首下仍尻高，注汤作字势嫖姚。

不须更师屋漏法，只问此瓶作响答。

"显上人"是一位僧人，擅长分茶，他把极细的茶粉放入福建特产的兔毫盏，用银壶煮水，煮沸以后注入茶盏，一边注水，一边用宋孝宗隆兴元年（1163）刚刚出厂的竹制茶筅快速搅动，把茶粉点成半碗起泡的茶汤。然后他开始分茶。只见他一手提着银壶，一手端着茶盏，银壶的壶嘴向下倾，银壶的屁股向上翘，壶里的热水像细线一样注入茶汤。他一边注水，一边很有技巧地变换着注水的力度和茶盏的倾斜度，使茶汤表面迅速形成千奇百怪的画面，有时像日月经天，有时像寒江倒影，有时则形成一组很有气势的文字，那些文字剑拔弩张，就像当年的嫖姚将军霍去病在冲锋陷阵……

坦白说，热爱宋茶如我，学分茶学了好长时间，但是时至今日也不可能像杨万里诗中那位"显上人"一样，竟能如此精彩地分茶。对于宋朝茶人，我真是不得不献上自己的膝盖啊！

第五章

宋茶的来龙去脉

在品尝过真正的宋茶以后，让我们再闲聊几句。

聊什么呢？聊一些高大上的话题。例如茶的源头在哪里？中国茶最初为什么只有蒸青没有炒青？炒青是从什么时候开始流行的？宋茶是从什么时候突然消亡的？它为什么会消亡呢？当宋茶走红的时候，它对周边国家又构成了什么样的影响呢？

来，咱们一起翻开茶的历史。

从宋朝的点茶到现代的冲泡

中国人从什么时候开始喝茶

　　茶，日语读【cha】，葡萄语读【cha】，俄语读【chai】，英语读【tea】，芬兰语读【tee】，德语读【the】……在全世界很多语言当中，茶的发音都来自中国，来自中国北方人和南方人对茶的不同读音。

　　所有人都知道，中国是茶的源头，这颗星球上弥漫的茶香是从中国飘散出去的。问题是，我们中国人是从什么时候开始喝茶的呢？

　　陆羽说："茶之为饮，发乎神农氏，闻于鲁周公。"[①]我们的远祖神农氏遍尝百草，发现了茶；西周时期周公制定《周礼》，又把茶写进了书籍。可惜，神农氏是近乎神话一般

――――――――――

① 《茶经》卷下《六之饮》。

的人物，无法确证，而那本托名周公所定的《周礼》，其实是战国儒生对儒家社会的乌托邦式设想。

另一位唐朝人裴汶①说："茶，起于晋，盛于今朝。……人嗜之若此者，西晋以前无闻焉。"②中国人从晋朝开始饮茶，至唐朝进入兴盛期，西晋以前就没见过爱好饮茶的人。

陆羽过度拉长茶的历史当然不对，裴汶把茶的源头锁定在西晋也未必靠谱。早在西汉时期，一个名叫王褒的人就留下一篇《僮约》，这篇文章叙述他替某个寡妇管教不听话的奴仆，让奴仆忙东忙西，既要"武阳买茶"，又要"烹茶尽具"。"茶"有两种含义，有时指茶，有时指苦菜。单看"武阳买茶"，我们还不能确定是茶还是苦菜，但是加上"烹茶尽具"这四个字，基本上就可以排除苦菜，确定为茶了。王褒的意思是说，他要让奴仆去武阳买茶，回来再用完善的茶具把茶烹煮成汤③。如果我们的理解符合事实，那么中国人喝茶的源头至少可以追溯到西汉。

1998年，中国考古学家勘探汉景帝汉阳陵，在陪葬坑中发

---

① 裴汶，晚唐宰相，嗜好饮茶，是继陆羽之后的茶文化大家。

② 裴汶《茶述》。

③ 中国茶叶博物馆周文棠近有新论，认为"武阳买茶"应为"武都买茶"，即去四川绵竹县北的武都山采购一种俗称"堇堇菜"的苦菜，而"烹茶尽具"的意思则是将苦菜煮成菜羹。周文棠此论颇有新意，特附于此，以备读者朋友查考。

现一批既像茶具又像酒具的容器，以及一些树叶状的东西。十年后，那些树叶状物质被送进中国科学院分析研究，被鉴定为茶叶，而且是小叶种茶树的嫩芽。如果那些古老的茶叶不是偶尔飘落在墓坑之中，而是有意作为陪葬品放进墓坑，如果墓坑中的容器是茶具而非酒具，那么我们可以理直气壮地确信西汉已有饮茶之风。

但是需说明，无论是王褒的《僮约》，还是汉景帝的陪葬，都不属于确凿无疑的证据。所以到目前为止，饮茶源于汉朝之说仍属假说。

某些学者喜欢通过拔高历史来拔高民族自豪感，将神话传说当作历史事实，将《诗经》和《华阳国志》里的苦菜解释为茶叶，然后得出"中国人喝茶的历史长达四五千年"之类的结论。我觉得这种做法大不妥，因为这不是做学问，而是做礼拜，会让外人觉得不虚心，不严谨。

目前能被学界普遍认可的结论是：至少从三国两晋南北朝开始，中国已有喝茶的风气。这个结论是最能被现有文献和考古成果支持的保守结论，所以也是迄今为止最靠谱的结论。

蒸青从什么时候变成炒青

唐茶是蒸青茶，宋茶是蒸青研膏茶，宋茶是对唐茶的革新（增加了研膏环节），也是对唐茶的继承（延续了蒸青工艺）。

唐朝人做茶为什么不炒青呢？我觉得应该跟烹饪方式有关。

众所周知，唐朝烹饪主要采用蒸煮的方式，把饭蒸熟，把菜煮熟。换句话说，这时候的中国人还不太习惯煎炒。所以在给茶叶杀青的时候，大家只想到蒸青，而想不到炒青。

进入宋朝，随着植物油压榨工艺的迅猛发展，油脂价格下降，煎炒成为主流，当大家都习惯于使用翻炒方式来料理食物时，蒸青向炒青演化。可是宋朝茶界为什么没有出现这样的演化呢？原因无他：路径依赖而已——既然唐朝人已经把蒸青茶做得那么成熟了，宋朝人只需要在此基础上向前发展就行，不需要扔掉蒸青另起炉灶。

同样道理，当日本人从唐宋两朝学会做茶后，也跟着走蒸青的老路。当然，现代日本不是没有炒青茶，但占主流的仍然是蒸青茶，这还是路径依赖的例证。

从现有文献来看，元朝时也许已经出现了炒青茶。元朝史学家马端临说："茗有片有散，片者即龙团旧法，散者则不蒸而干之，如今之茶也。"①茶有砖茶和散茶之分，砖茶延续了宋茶的老传统，像大宋贡茶中的"大龙团"和"小龙团"那样，经过蒸青与研膏，制成漂亮的小茶砖；散茶则不再蒸青，改用晒青或者炒青的方式，这就是元朝的散茶。

元朝时仍以蒸青茶为主流，到了明朝初年，朱元璋一纸令下，把蒸青彻底改成了炒青。《明史·食货志》记载："其上供茶，天下贡额四千有奇，福建建宁所贡最为上品，有探春、先春、次春、紫笋及荐新等号。旧皆采而碾之，压以银板，为大小龙团。太祖以其劳民，罢造，惟令采茶芽以进，复上供户五百家。"②朱元璋发现传统贡茶的制造工序过于繁杂，又是蒸青，又是研膏，又是入模，又是烘焙，为了减轻人民负担，他要求贡茶全部改成炒青的散茶。

在中国茶叶史上，朱元璋的这项改革被称为"废青改炒""废团改散"，即废除蒸青，推广炒青，废除砖茶，推广

---

① 转引自明朝谢肇淛《五杂俎》卷十一。
② 《明史》卷八十《食货四·茶法》。

明太祖朱元璋（1328—1398），此人将蒸青团茶改成
了炒青散茶

散茶。

朱元璋的儿子朱权是研究茶文化的名家，他非常赞同老爸的改革："至仁宗时，而立龙团、凤团、月团之名，碾以为膏，杂以诸香，不无夺其真味。天地生物，各遂其性，莫若本朝茶叶，烹而啜之，以遂其自然之性也。"①宋朝贡茶名目繁多，工艺复杂，蒸青研膏，掺香调味，结果把茶的精华给弄丢了，反而喝不到茶的真味，而明朝对茶法进行简化，炒青散茶，冲泡饮用，既省工省时，又能保留茶的"自然之性"。

仅仅依靠朱元璋的一道圣旨和他儿子的宣传倡导，未必能让蒸青在全国范围内突然消失，但是在朱元璋死后大约二百年，中国真的看不到蒸青茶了，也看不到宋朝那种调膏注汤的点茶之道了。万历年间的学者谢肇淛写道："古人造茶，多春令细末而蒸之②……至宋始用碾。揉而焙之，则自本朝始也。"③宋朝以前春茶，宋朝流行碾茶，明朝则流行"揉而焙之"的炒青茶。另一位明朝学者许次纾说得更加明确："古人制茶，尚龙团凤饼，杂以香药……若漕司所进建茶第一纲，名北苑试新者，乃雀舌、冰芽所造，一铸之直，至四十万钱，仅

---

① 朱权《茶谱·序》，中华书局2012年版，与田艺蘅《煮泉小品》合刊。
② 其实宋茶与唐茶均是先"蒸之"，饮用之时才"春令细末"，谢肇淛没见过蒸青茶，把顺序弄颠倒了。
③ 《五杂俎》卷十一。

供数盂之啜，何其贵也！然冰芽先以水浸，已失真味，又和以名香，益夺其气……不若近时制法，旋摘旋焙，香色俱全，尤蕴真味。"[1]古代人做茶，喜欢掺香料，北宋建安贡茶亦然，一枚小茶砖价值四十万文，只能点成几碗茶汤，真是贵得离谱啊！做这种茶需要用水研膏，已经破坏了茶之精华，又掺杂香料，茶香还哪里会有呢？明朝人青散茶，随摘随炒，香色俱全，天然去雕饰，茶香无损失。

不过我们也不必盲从明朝人的见解。炒青与蒸青，点茶与泡茶，孰优孰劣，并无单一的评判标准。炒青散茶成本低，便于冲泡，省工省时，茶多酚流失少，但是茶味偏苦；蒸青研膏茶成本高，点茶之时又要烤茶、舂捣、碾磨、调汤，远远比不上冲泡饮茶的方便快捷，可是茶味偏甜。更为重要的是，正是因为宋茶饮用比较麻烦，所以我们在饮茶之时才能充分体验到传统手工时代的工匠精神和DIY乐趣。

---

[1] 许次纾《茶疏·今古制法》。

宋茶对日本的影响

日本人学喝茶，不算太晚。公元815年，入唐求法的日本和尚永忠大师将来自大唐的茶法和茶粉献给嵯峨天皇，从此揭开了中国茶东传日本的序幕。

继永忠大师以后，日本又有大批求法僧入唐，正是在这一时期，日本国内开始种植茶树，饮茶之风在上层社会传播开来。但是到了平安时代中叶（10世纪），随着"国风文化"①的兴起，茶在日本竟然消失了，几乎没有人再喝茶。

到了南宋，另一位日本和尚荣西大师两次来到中国，在中国学习佛法的同时，也学习了大宋茶道。后来荣西归国，带

---

① 9世纪末期，日本停止向中国派出遣唐使，开始在吸收中国文化的基础上大力发展日本文化，而来自中国的茶文化在日本突然衰落，史称"国风文化"时期。

回茶种、茶粉、茶具，教人种茶、做茶、饮茶，并在晚年撰写了一本浅显易懂的茶文化入门手册：《吃茶养生记》。在他的推广下，茶文化终于在日本扎根生长。

我在日本早稻田大学图书馆拜读过荣西大师的《吃茶养生记》，荣西开篇就猛夸茶的妙用："茶，养生之仙药也，延龄之妙术也。山谷生之，其地神灵也。人伦采之，其人长命也。天竺、唐土同贵重之，我朝日本曾嗜爱也。古今奇特仙药也，不可不摘乎！"茶是保全身体的灵丹，是延长寿命的妙药，产茶之地有神灵护持，采茶之人可益寿延年，印度与中国都看重饮茶，我们日本也曾经看重，像茶这样奇特的仙药，我们怎能不采摘呢？怎能不饮用呢？怎能让它白白浪费呢？

荣西还写道："肝脏好酸味，肺脏好辛味，心脏好苦味，脾脏好甘味，肾脏好咸味……日本国不食苦味，而大国独吃茶，故心脏无病，亦长命也。我国多有病瘦人，是不吃茶之所致也。……频吃茶，则气力强盛也。"他认为：吃酸对肝有益，吃辣对肺有益，吃苦对心有益，吃甜对脾有益，吃咸对肾有益，酸甜苦辣咸，五味不可缺。中国人爱吃茶，茶是苦的，所以中国人的心脏健康，寿命很长；日本人不喜欢苦味，所以心脏不好，寿命偏短。为了健康考虑，荣西建议日本人多吃茶。

荣西禅师在日本被尊为"茶祖"

荣西曾向镰仓幕府的首任征夷大将军源赖朝献茶，源赖朝正患病，喝了荣西的茶，居然痊愈了，于是他对荣西的吃茶养生妙论佩服得五体投地，从此与茶结下不解之缘。

平心而论，荣西夸大了茶的养生功效。在茶的故乡中国，茶只是一种口味独特的饮料，对治病并无多大效用。宋朝士大夫只是觉得喝茶可以"除烦去腻"，可让"齿性坚密"（苏东坡语），提神护齿，如此而已；要说保护心脏，益寿延年，宋朝人还真没有这样宣扬过。但是荣西的夸大宣传以及向源赖朝献茶时的歪打正着，对茶在日本的传播却起到了强大的推动作用。此后不到一百年，茶风从寺院走向世俗，从上层社会走向普通百姓，很快在日本得到了普及。

日本人擅长学习，但并非照搬，宋茶进入日本，立即被改头换面：研膏工艺被废除了，蒸青与点茶却延续下来，结果发展成为现在的"抹茶道"。后来日本人又从明朝学会了冲泡饮茶，他们将宋朝的蒸青与明朝的冲泡相结合，又发展成为现在的"煎茶道"。

蒸青而不研膏，这是日本茶区别于宋茶的最大特征。为什么不研膏呢？正是为了保留茶的苦味，或者叫"本味"。为什么要保留苦味呢？恰恰跟荣西当初推广宋茶时的宣传有很大关系——如前所述，荣西认为苦味对保护心脏是很有益处的。

宋茶还会流行吗

同样一种茶，做成蒸青茶可比做成炒青茶苦多了。这里面到底有什么原理呢？我不清楚。在蒸青过程中发生的化学反应跟炒青又有什么不一样呢？我更不清楚。我只知道蒸青茶假如不研膏的话，那是绝对喝不惯的。河南信阳出产一款"新林雨露"，有名的蒸青绿茶，只蒸青，不研膏，泡出的茶汤倒是青绿可爱，喝上一口试试，茶香说轻不轻，说重不重，舌尖刚刚品出一丝清甜，大股大股的厚重滋味就往嗓子眼儿的方向俯冲过去，随即在舌根部位安营扎寨，这时候的感觉就只剩一个字：苦。为了把苦镇压下去，你必须大口大口地吞服质感柔滑的高香红茶，喝下一整壶之后，缓过劲来了，可是舌根处突然又有一丝苦味儿揭竿而起，朝你大喊一声："呔，我又杀回来了！"

唐朝人怕苦，所以往茶里放盐。宋朝人怕苦，所以蒸青后又研膏。明朝人也怕苦，同时还怕麻烦，所以把蒸青茶彻底改成了炒青茶。可为什么日本人不怕苦呢？为什么他们时至今日仍然坚持饮用蒸青茶呢？我以为，除了苦味有益健康之外，大概还因为日本人已经习惯了蒸青茶的味道，而不再觉得苦了吧？

习惯是很能教化人的。当年孔老夫子听说周文王爱吃菖蒲，他也跟着吃，刚开始实在受不了，"缩颈而食之"，缩着脖子才能咽下去，可是连吃了三年以后，他就再也离不开菖蒲了。同样道理，假如我们能穿越回去，将现代中国人常喝的炒青茶送给宋朝人品尝，恐怕宋朝人一时半会也难以接受的。反过来讲，假如让诸位亲爱的读者朋友喝上一碗货真价实的宋茶，大家恐怕也会觉得诧异：咦，这是茶吗？

在写这本书之前，我自己仿做了一些宋茶。由于买不到专门的工具，我不得不使用大量的替代品，例如捣黄时用擀面杖代替木杵，压黄时用青石板代替木榨，入模成型时又没有模具，只好把茶泥按进一个蛋糕模里，拍拍打打地做了七八枚像抹茶蛋糕一样的小茶砖……虽说装备业余，但是完全依照宋朝工艺去做，该蒸青就蒸青，该研膏就研膏，一道工序都不敢缺。做成以后，喊上几个朋友一起品尝，他们异口同声地赞叹：嗯，不错，果然一点也不苦……可是茶香到哪去了呢？

宋茶并非没有茶香，只是由于研膏的关系，大量的芳香物

在没有捲模的情况下，用蛋糕模也可以制作宋朝茶饼

质伴随着苦涩成分一起消失了，所以茶香不像现代炒青茶那样明显罢了。

宋茶就是这个样子，它不苦，不香，不激烈，也不张扬，它质地柔顺，口感微甜，就像浅吟低唱的宋词，就像杏花春雨的江南。在这个节奏太快的时代，我相信它能把我们从喧嚣拉回到寂静，让我们从时尚回归到传统。

当然，即使好古如我，也从不宣扬复古。我的意思是说，我们之所以要向宋朝人学喝茶，并不是要舍弃我们现在的喝茶方式，而是要让我们丰富多彩的现代生活再多一种选择。可供选择的生活方式越多，我们就越自由，就越趋向于幸福。

站在这个理由上，我认为宋茶终将复活。

第六章

宋朝茶典文白对照

一、蔡襄《茶录》

据商务印书馆1936年丛书集成本点校。

蔡襄（1012—1067），福建人，北宋大臣，著名书法家，宋末权相蔡京的堂兄，曾在福建主持贡茶生产。

宋仁宗皇祐年间（1049—1054），蔡襄为了让仁宗皇帝全面了解建安贡茶的生产工艺和品鉴方法，写了一本名为《茶录》的小册子，他自己留了底稿，但没有刊刻。若干年后，《茶录》底稿不慎丢失，被怀安知县樊纪收藏，樊某将其刊刻成书，流入书市。蔡襄觉得樊纪刊刻的版本未经审定，讹误太多，于是又根据回忆亲自修改，于宋英宗治平元年（1064）将修改后的版本重新刊印，并刻成碑文，立于建安北苑。

序

朝奉郎、右正言、同修起居注臣蔡襄上进。

臣前因奏事，伏蒙陛下谕臣先任福建转运使日，所进上品龙茶最为精好。臣退念，草木之微，首辱陛下知鉴，若处之得地，则能尽其材。

昔陆羽《茶经》不第建安之品，丁谓①《茶图》独论采造之本，至于烹试，曾未有闻。臣辄条数事，简而易明，勒成二篇，名曰《茶录》。伏惟清闲之宴，或赐观采，臣不胜惶惧荣幸之至。谨序。

皇上好，我是蔡襄，我现在的品级是"朝奉郎"②，岗位是"右正言"③，工作是"同修起居注"④。

---

① 丁谓，北宋大臣，曾任福建转运使，革新贡茶制法。按《宣和北苑贡茶录》，丁谓所作乃《茶录》，并非《茶图》。原书已佚，今人仅能从《画墁录》《北苑别录》《北苑贡茶录》《东溪试茶录》等宋人笔记与宋代茶典中见到少量内容。

② 表明品级的文散官名。北宋前期，文散官二十九阶，朝奉郎为第十四阶，相当于正六品。

③ 负责向皇帝及大臣提意见的中下级谏官。

④ 宋初有"起居院"，内设"起居官"，负责随侍皇帝左右，记录皇帝言行及大臣奏对，并定期将朝中大事以编年体形式整理成书。起居官有正有副，正官为"修起居注官"，副官为"同修起居注官"。

前几天，我向皇上奏事，皇上说："你在福建当省长①的时候，给朕进贡过一款建安北苑②出产的上品龙茶，那款茶非常精美，非常地道。"听了皇上的褒奖，我非常激动。回家以后我就想，建安茶虽好，毕竟是草木之物，在进入宫廷以前，实在是有辱陛下知遇赏鉴之恩，大家根本不懂得重视它，只有把它放到合适的地方，经过识货之人的鉴赏，它的珍贵才会被世人发现，它的天资才能完全发挥出来。

唐朝的陆羽写《茶经》，没有提到建安茶。本朝的丁谓著《茶图》，倒是专为建安茶而写，可惜只讲采茶和做茶，不讲烹茶和品茶。为了填补这一缺口，我不揣浅陋，针对建安贡茶的采造、品鉴以及茶具的选择等方面，逐一列举了几条要点，内容简单明了，分成上下两篇，总名《茶录》。皇上不忙的时候，如果能翻开此书瞧瞧，那将是我莫大的荣幸。

① 宋朝时，转运使是高级地方长官，掌管路级行政区的户口、财政、农业等工作，并对州县官员任免起决定性作用。

② 建安，今福建省建瓯市，位于福建北部、闽江上游、武夷山脉之东南部。北苑，宋朝最著名的贡茶生产基地，旧址在今建瓯市东峰镇凤凰山，方圆三十里，极盛时期包括皇家茶园四十六处（最初仅有茶园二十五处），因在福州北部，故名"北苑"。按沈括《梦溪笔谈》："建茶胜处曰郝源、曾坑，其间又岔根、山顶二品尤胜，李氏时号为北苑，置使领之。"可知建安北苑始于五代十国时期之南唐。

上篇：论茶

色：茶色贵白，而饼茶多以珍膏油其面，故有青、黄、紫、黑之异。善别茶者，正如相工之视人气色也，隐然察之于内，以肉理润者为上。既已末之，黄白者受水昏重，青白者受水详明。故建安人开试，以青白胜黄白。

茶色以白为佳，不过现在的高级茶饼①大多涂有珍贵的油膏，所以白色茶饼可能呈现出青色、黄色、紫色、黑色等色彩。擅长鉴茶的人就像擅长看相的大师，不但要观察肤色，还要观察肌理，肌理润泽的人是好命人，质地坚实的茶是上等茶。刮掉上等茶的油膏，茶饼或现黄白，或现青白。再把茶饼制成茶粉，加水调汤，黄白茶饼调出的茶汤发暗，青白茶饼调出的茶汤发亮。所以北苑制茶工匠在检验成品茶的时候，普遍认为青白色的茶饼要胜过黄白色的茶饼。

香：茶有真香，而入贡者微以龙脑和膏，欲助其香。建

---

① 茶饼，即大小不等、造型各异的小茶砖，又名"团茶""片茶"。

安民间试茶皆不入香，恐夺其真。若烹点之际，又杂珍果香草，其夺益甚，正当不用。

茶的香味与众不同，是香料的味道所不可替代的。可是制作贡茶的工匠唯恐茶不够香，所以又掺入龙脑等名贵香料，以增加成品茶的香味。其实建安民间的茶人做茶是从来不加香料的，以免香料掩盖住纯正的茶香。有些俗人调制茶汤，又往茶粉里混合果粉和香草粉，更是将茶的真香破坏无遗。

味：茶味主于甘滑，惟北苑凤凰山连属诸焙所产者味佳，隔溪诸山虽及时加意制作，色味皆重，莫能及也。又有水泉不甘，能损茶味，前世之论水品者以此。

茶的口感以甘甜和柔滑为上。天底下哪个地方的茶最甘甜最柔滑？那当然是福建北苑凤凰山了。凤凰山真是天生出好茶的圣地，附近还有几座山也产茶，跟凤凰山就隔一条小溪，所产茶饼颜色昏暗、味道苦涩，不管用多么先进的工艺去加工，都比不上凤凰山的茶。当然，这跟水质也有关系，凤凰山的泉水甘冽异常，最适合做茶，如果用别的水来做茶，茶味就没这么好了。

煎茶图式　酒井忠恒/编，松谷山人吉村/画，1865年

藏茶：茶宜蒻叶而畏香药，喜温燥而忌湿冷，故收藏之家以蒻叶封裹入焙中，两三日一次用火，常如人体温温，则御湿润。若火多，则茶焦不可食。

存放茶饼有讲究，用蒻竹的叶子封裹保存是最合适的，不要跟香料和药材放在一起，以免茶香受到污染。茶饼喜干忌湿，喜温忌凉，要想长期保存，最好每隔两三天就拿出来烘焙一下。烘焙茶饼所用的木炭不可以有明火，热度跟人的体温差不多，能把湿气赶走就行了。如果有明火，会把茶饼烤焦而不可食用的。

炙茶：茶或经年，则香色味皆陈，于净器中以沸水渍之，刮去膏油一两重乃止，以钤（qián，"钳"的名词形式）箝（qián，"钳"的动词形式）之，微火炙干，然后碎碾。若当年新茶，则不用此说。

茶饼存放一年以上，就成了陈茶。跟新茶相比，陈茶色泽灰暗，香气内敛，味道陈旧，调制茶汤之前，应该稍加处理，否则茶汤的亮度和味道会很差。怎么处理呢？一是用干净的锅子烧开一锅水，把陈茶放进去洗一洗；再是取出洗过的茶饼，用小刀刮去表层的油膏；三是再用茶钳夹起茶饼，用细微的炭火慢慢烤干。做完以上三步，才能把茶饼碾磨成茶粉，调出色香味俱全的茶汤。如果是当年的新茶，就没必要这样做了。

碾茶：碾茶先以净纸密裹捶（chuí，同"捶"）碎，然后熟碾。其大要：旋碾则色白，或经宿则色已昏矣。

碾磨茶饼的时候，先用干净的白纸把茶饼包起来，包得严丝合缝，用木锤从外面敲碎，然后打开纸包，将碎饼放进茶碾趁热立即碾。碾茶有要诀，在保证能把茶饼全部碾成粉的前提下，动作越快越好，时间越短越好，否则茶碾上的石末和金属末会进入茶粉。如果当时碾成的茶粉没有立即取出，而是放在茶碾中过夜，那么茶粉将会变得昏暗无光。

罗茶：罗细则茶浮，麤（cū，同"粗"）则水浮。

刚刚出碾的茶粉大多是很粗的颗粒，甚至还能见到尚未碾碎的茶梗，故此需要再用茶罗筛一筛。茶罗的筛网以细密为佳，筛网越细，茶粉就越细，可以调出均匀的茶汤，形成厚厚的泡沫。如果筛网很粗，筛出的茶粉跟沙子似的，一到水里就沉底了。

候汤：候汤最难，未熟则沫浮，过熟则茶沉，前世谓之"蟹眼"者，过熟汤也。沉瓶中煮之不可辨，故曰候汤最难。

烧水是难度很高的技术活儿。用没有烧沸的水来调汤，茶粉会漂在上面；用沸了很久的水来调汤，茶粉会沉入碗底。唐朝陆羽著《茶经》，提倡把水烧得咕嘟嘟冒泡，水泡的形状跟蟹眼似的，其实他的说法并不可取——水泡一旦大如蟹眼，那水就老了。唐朝流行用锅烧水，水泡清晰可见，沸与不沸一目了然。我们宋朝人却流行用壶来烧水①，壶口很小，看不见水面，只能听声辨水，完全凭借水壶发出的声响来判断是否烧开。我刚才说烧水是难度很高的技术活儿，指的就是听声辨水。

---

① 唐朝茶具与宋朝颇有不同：唐人煮水用釜，宋人煮水用瓶。釜就是锅，瓶则是壶，宋人所谓"提瓶卖茶"，其实是提着茶壶卖茶，而不是拎着茶瓶卖茶。

熁盏：凡欲点茶，先须熁盏令热，冷则茶不浮。

将筛细的茶粉放入茶盏，浇入热水，迅速搅动，调成茶汤，形成厚厚的茶沫[①]，这个过程在本朝叫作"点茶"。为了让茶粉与热水迅速交融，我们在点茶之前应该将茶盏烤热。用烤热的茶盏点茶，有助于形成茶沫，并能延长茶沫存续的时间；用冰凉的茶碗点茶，茶粉与水是分离的，茶沫不会浮现出来。

点茶：茶少汤多，则云脚散；汤少茶多，则粥面聚。钞茶一钱七，先注汤，调令极匀，又添注入，环回击拂，汤上盏可四分则止。视其面色鲜白，着盏无水痕者为绝佳。建安开试，以水痕先者为负，耐久者为胜。故较胜负之说，曰相去"一水""两水"。

点茶点得好不好，有一个标准：看泡沫聚得多不多。泡沫多，并且厚，一堆堆，一朵朵，轻柔绵软，雪白可爱，密密

---

① 点茶之时，只要茶粉够细、水温合适、搅拌得法，那么茶汤表面就会形成厚厚的、松软的、细密的泡沫，由于泡沫中融入了大量空气，喝起来会感觉到柔滑和鲜爽。宋朝茶人爱喝茶汤的泡沫，有如我们现代人爱喝起泡的牛奶。

麻麻浮于水面，宛如天上堆积的白云，那叫"云脚"；泡沫少，并且薄，在茶汤表面漂着薄薄的一层，好像冷却的米粥凝结出的一层薄皮，那叫"粥面"。如果茶粉太少，热水太多，厚厚的云脚会散开；如果茶粉太多，热水太少，粥面就会漂出来。只有当茶粉与热水比例适当的时候，才能让茶汤形成足够多、足够厚、存续时间足够长的漂亮泡沫。用茶匙[①]舀出一钱七分[②]的茶粉，放在盏底，先注入少量热水，搅得十分均匀，再注入更多的热水。一边注水，一边用茶匙转着圈儿来回搅动，不一会儿，泡沫涌起，浮于水面。当茶水的深度占茶碗十分之六，泡沫的厚度占茶盏十分之四的时候，茶汤调制宣告完毕，可以停止搅动，取出茶匙。此时的茶汤洁白鲜亮，茶沫密布于水面，从上往下看，只能看见雪白的云脚，丝毫不见暗青的水面，如果能调出这样的茶汤，那就达到点茶的最高境界了。每年初春，建安北苑造出第一批贡茶，负责人都要召集高手来品鉴和斗茶，决定斗茶胜负的关键就是云脚的存续时间。比如说在规定时间内，前者调出的云脚始终没有散开，后者调出的云脚却露出一条缝隙来，那么前者就胜了。裁判宣布胜负，通常会说"谁比谁去几水"。像上面举的例子，后者是

---

① 又叫"茶匕"，状如小勺，在宋朝多用金属制造，既可以取茶粉，又可以调茶汤。

② 钱、分，均为古代重量单位，十分为一钱，十钱为一两，十六两为一斤。

比前者"去一水";如果后者调出的云脚露出来两条缝隙,裁判会说他比前者"去两水"。

下篇：论茶器

茶焙：茶焙,编竹为之,裹以蒻叶。盖其上,以收火也;隔其中,以有容也。纳火其下,去茶尺许,常温温然,所以养茶色香味也。

茶饼出模,须经烘焙,不然很快会坏掉。焙茶当然要用到茶焙,这种工具用竹子编成,外裹蒻叶,为的是不让茶饼跟炭火直接接触,以免烤焦。茶焙是中空的,里面可以放茶饼。将满贮茶饼的茶焙悬空置于炭火之上,离火约有一尺远的距离,如此这般缓缓焙烤,既能去除茶饼里的水分,又能保持茶饼的色泽和香味。

茶笼：茶不入焙者,宜密封裹,以蒻笼盛之,置高处,不近湿气。

焙过的茶饼如想长期保存,须用蒻叶编成的茶笼来盛放,将茶笼放在高高的地方，不要让它接近地面的湿气。

砧椎：砧椎盖以点茶。砧以木为之，椎或金或铁，取以便用。

茶饼挺结实，越好的茶饼越结实，碾磨之前，须先敲碎，这时候就要用到砧板和茶锤了。砧板是木头的，茶锤可以用黄金铸造，也可以用熟铁铸造，方便耐用即可。

茶钤[①]：屈金铁为之，用以炙茶。

某些茶饼湿气未除，有点儿发黏，敲不碎，碾不细，泡不出香味，事先必须烘烤，而烤茶须用茶钤来夹住茶饼。茶钤的材质与茶锤相同，有黄金铸造的，也有用熟铁锻打而成的。

茶碾：茶碾以银或铁为之，黄金性柔，铜及碖（yú）石皆

---

① 即"茶钤"。

能生鉎（shēng），不入用。

从材质上看，茶碾分很多种，有金碾，有银碾，有铜碾，有铁碾，还有石碾。金碾的硬度偏低，铜碾容易氧化，石碾容易落粉，故此银碾和铁碾最为合用。

茶罗：茶罗以绝细为佳，罗底用蜀东川鹅溪画绢之密者，投汤中揉洗以幂（mì）之。

茶罗是用竹圈和绢布做成的，罗底绢布宜薄，越细越好。最适合加工茶罗的绢布是产自四川东川鹅溪的画绢，将画绢放在热水中仔细搓洗，完全晾干，方可绷在竹圈之上。

茶盏：茶色白，宜黑盏，建安所造者绀黑，纹如兔毫，其坯微厚，熁之久热难冷，最为要用。出他处者，或薄，或色紫，皆不及也。其青白盏，斗试家自不用。

好的茶汤都是洁白鲜亮的，为了突出茶汤的洁白，我们应该选用黑色的茶盏。如今最好的茶盏出自建窑，人称"建盏"。这种茶盏釉色青黑，内壁呈现出放射状的细密条纹，状如兔子的毛发，看起来非常美丽。建盏的坯胎较厚，烤热以后能长时间保温，最适合点茶。其他地方烧造的茶盏要么太薄，要么釉色偏紫，都比不上建盏。市面上还有青色和白色的茶碗，斗茶之士是不会选用的。

茶匙：茶匙要重，击拂有力，黄金为上，人间以银铁为之。竹者轻，建茶不取。

茶匙的分量应该重一些，如果太轻的话，搅动茶汤的力度就上不去，无法在短时间内打出厚厚的茶沫。好茶匙应该用黄金来做，因为黄金密度大，分量重，击拂有力。普通人家用不起金茶匙，不妨使用银匙和铁匙。如今还有用竹子加工的茶匙①，那太轻了，不适合点茶。

汤瓶：瓶要小者，易候汤，又点茶注汤有准。黄金为

---

① 从北宋后期开始，竹子做的茶筅出现，专门用于搅拌茶汤，逐渐代替了茶匙。但在蔡襄著《茶录》之时，茶筅尚未问世，故此蔡襄建议用密度较大的金属茶匙来点茶。

上，人间以银铁或瓷石为之。

本朝茶人将烧水的壶称为"汤瓶"。汤瓶有大有小，如果为了点茶，要用小汤瓶来烧水。容量越小，越容易辨别水的火候，点茶之时也便于掌握注水的力度。跟茶匙一样，汤瓶的材质也以黄金为上乘。可是，用得起金汤瓶的人实在太少了，现在大家一般使用银汤瓶、铁汤瓶和瓷汤瓶。

后　序

臣皇祐中修起居注，奏事仁宗皇帝，屡承天问，以建安贡茶并所以试茶之状。臣谓茶虽禁中语，无事于密，造《茶录》二篇上进。后知福州，为掌书记①，窃去藏稿，不复能记。知怀安县樊纪购得之，遂以刊勒，行于好事者，然多舛谬。臣追念先帝顾遇之恩，揽本流涕辄加正定，书之于石，以永其传。

治平元年五月二十六日，三司使、给事中臣蔡襄谨记。

本朝仁宗皇祐年间（1049—1054），我在起居院上班，屡

---

① 全称"节度掌书记"，唐朝及宋初官职，协助长吏治本州事，类似今天的政府副职。

被仁宗皇帝询问，问我建安贡茶如何生产，茶饼优劣如何评判。我觉得，贡茶虽为大内之物，但是并不涉及国家机密，所以我就写了两篇文章，订为一册，取名为《茶录》，献给了仁宗。若干年后，我去福州当掌书记，不小心被小偷光顾，把《茶录》底稿偷走了。后来这本底稿又被怀安知县樊纪买到手，还刻成了书，在市面上广为流传，可惜其中有很多地方都刻错了。我看到这本书，想起了当年仁宗皇帝对我的礼遇和照顾，忍不住伤心流泪。现在我凭借记忆，把这本书里印错的地方都改正过来，并请人刻成碑文，希望它能永远流传下去。

治平元年（1064）五月二十六，三司使①、给事中②蔡襄谨记。

---

① 主管国家财政的大臣。

② 北宋前期为寄禄官，没有具体职事，仅凭此官衔领取薪俸，为正三品。

二、唐庚《斗茶记》

校录自陶斑重校本《说郛》第九十三卷。

唐庚（1070—1120），四川眉州丹棱人，苏东坡的小老乡，宋哲宗绍圣元年进士，擅长文学，也曾和苏东坡一样被贬惠州，所以时称"小东坡"。又，唐庚兄弟五人，其长兄名叫伯虎，与明朝唐寅同名。

《斗茶记》是唐庚被贬惠州以后所写的一篇文章，重点论述水性与茶性，他不盲从权威，认为水贵活，茶贵新，其论颇有道理。但他在篇末却突然大拍皇帝马屁，格调绝不算高。

政和二年三月壬戌，二三君子相与斗茶①于寄傲斋。予为取龙塘水烹之，而第其品。以某为上，某次之，某闽人，其所赍宜尤高，而又次之，然大较皆精绝。盖尝以为天下之物有宜得而不得，不宜得而得之者。富贵有力之人或有所不能致，而贫贱穷厄流离迁徙之中或偶然获焉。所谓"尺有所短，寸有所长"，良不虚也。

政和二年（1112）三月十一日，几个朋友来到我的寄傲斋②斗茶，我从龙塘中为他们取水，并担任裁判。本次斗茶的结果，某某第一，某某第二，排名第三的是个福建人，他带的茶饼最好，但是调出的茶汤却最差。不过总的来说，这几位朋友斗茶的功夫都很高超。我从那位福建朋友身上学到了一个道理：该得到的不一定能得到，不该得到的反倒有可能得到，就像拥有最好茶饼的他，本该得到斗茶的头名，可是最后却一败涂地。世界就是这么奇怪，有钱有势的人还得不到的，贫贱之人在颠沛流离中却可能得到。人们常说"尺有所短，寸有所长"，看来真不是瞎说的啊！

---

① 宋朝茶人之间比试茶饼、茶具、茶水及点茶手艺的优劣，通常以茶汤的色泽和茶沫的存续时间来决定胜负，胜者赏，负者罚，此之谓"斗茶"。

② 唐庚被贬惠州后，在城南龙塘村建房，名为"寄傲斋"。

煎茶图式　酒井忠恒/编，松谷山人吉村/画，1865年

唐相李卫公①好饮惠山泉，置驿传送不远数千里。而近世欧阳少师②作《龙茶录》，序称"嘉祐七年亲享明堂③致斋之处，始以小团分赐二府，人给一饼，不敢碾试，至今藏之"，时熙宁元年也。吾闻茶不问团、銙④，要之贵新；水不问江、井，要之贵活。千里致水，真伪固不可知，就令识真，已非活水。自嘉祐七年壬寅至熙宁元年戊申，首尾七年，更阅三朝，而赐茶犹在，此岂复有茶也哉？

　　唐朝重臣李靖爱喝惠山的泉水，为此专门设置了一系列驿站，让驿夫为他运送山泉，从惠山一站接一站地送到长安。近代太子少师欧阳修作《龙茶录》，在序言里说，嘉祐七年（1062），仁宗皇帝亲自到明堂祭祀，祭祀之后赏赐大臣，从宰相到枢密使，每人赐给一枚小茶饼。欧阳修也得到了一枚，他不舍得品尝，一直保存到他写《龙茶录》的那一年，也就是熙宁元年（1068）。我听人说，茶的优劣与形状无关，无

---

① 指唐朝名将李靖。
② 欧阳修曾拜太子少师，故称"欧阳少师"。
③ 明堂，古代宫廷中的礼制建筑，供祭祀之用。按宋朝制度，皇帝每三年一次至明堂大祭，名为"亲郊"，又名"亲享"，祭后必赏赐大臣，或加官晋爵，或分赐礼品。
④ 团，圆形的砖茶；銙，条状的砖茶。

论茶饼是圆是方，是短是长，首先必须是出焙不久的新茶；水的优劣与来源无关，无论江水还是井水，首先必须是经常汲取的活水。李靖让人从几千里之外运送泉水，运来的就一定是惠山泉吗？就算铁定是惠山泉，经过了那么多天的长途跋涉，泉水也会发黄发臭，完全不适合泡茶了。仁宗赏赐给欧阳修一枚小茶饼，相信那一定是特级好茶，可是他却从嘉祐七年珍藏到熙宁元年，前后应为7年时间，历经三代皇帝[1]，那枚茶饼居然还在，哪里还会残留一丁点儿茶味呢？

今吾提瓶去龙塘无数十步，此水宜茶，昔人以为不减清远峡[2]。而海道趋建安不数日可至，故每岁新茶不过三月至矣。

现在我提着水壶去龙塘取水，不过几十步远。龙塘水是非常适合泡茶的，古人认为不次于清远峡的珠江水。龙塘离建安也很近，走海路的话，几天就到了，所以每年的建安新茶在三月之前就能来到这里。

---

① 此间历经仁宗、英宗、神宗三个皇帝。
② 清远峡，珠江水系干流北江河道中的峡谷，是北江三峡中最险要的地方，又名"飞来峡"。

罪戾之余，上宽不诛，得与诸公从容谈笑于此，汲泉煮茗，取一时之适。虽在田野，孰与烹数千里之泉，浇七年之赐茗也哉？此非吾君之力欤？夫耕凿食息，终日蒙福而不知为之者，直愚民耳，岂我辈谓耶？是宜有所纪述，以无忘在上者之泽云。

我是有罪之人，蒙皇上宽大之恩，没有判死刑，所以现在才能跟几位朋友从容谈笑，汲水煮茶，获得一阵子的快乐。我官品低微，不可能像李靖那样不远千里取运惠山泉水，或者像欧阳修那样品尝珍藏了七年的御赐砖茶。但是由于皇上把我发配到了这里，我可以用非常鲜活的龙塘水烹煮非常新鲜的建安茶，比李靖和欧阳修还要有口福，这难道不是出自皇上的恩赐吗？那些务农务工的凡夫俗子，每天都在蒙受皇上的恩赐，但是却不懂得感恩戴德，真是愚蠢的家伙啊！我们难道能这样做吗？所以我觉得应该把这些话写下来，以表明没有忘记皇上的恩泽。

三、宋徽宗《大观茶论》

校录自涵芬楼百卷本《说郛》第五十二卷。

《大观茶论》本名《茶论》，因为成书于大观元年（1107）而得今名。在我们能见到的宋朝茶典当中，以此书最为著名，在中国茶史中的地位堪比陆羽《茶经》。作者宋徽宗赵佶多才多艺，既擅书法、绘画，又精于茶道，他在位时，北苑贡茶高歌猛进，达到了后世难以逾越的高度。

宋徽宗的文笔也十分优美，叙述精准，如本书描写的"七汤点茶法"，既生动形象，又非常具体，是现代人学习宋朝点茶法的必读经典。

序

尝谓首地而倒生，所以供人之求者，其类不一。谷粟之于饥，丝枲（xǐ）之于寒，虽庸人孺子皆知常须而日用，不以岁时之遑遽而可以兴废也。至若茶之为物，擅瓯闽之秀气，钟山川之灵禀，祛襟涤滞，致清导和，则非庸人孺子可得而知矣。冲澹简洁，韵高致静，则非遑遽之时而好尚矣。本朝之兴，岁修建溪之贡，龙团、凤饼，名冠天下，壑源之品亦自此而盛。延及于今，百废俱兴，海内晏然，垂拱密勿，俱致无为。缙绅之士，韦布之流，沐浴膏泽，熏陶德化，咸以雅尚相推，从事茗饮。故近岁以来，采择之精，制作之工，品第之胜，烹点之妙，莫不咸造其极。且物之兴废，固自有然，亦系乎时之污隆。时或遑遽，人怀劳悴，则向所谓常须而日用，犹且汲汲营求，惟恐不获，饮茶何暇议哉！世既累洽，人恬物熙，则常须而日用者，因而厌饫狼藉，而天下之士，励志清白，竞为闲暇修索之玩，莫不碎玉锵金，啜英咀华，较箧笥之精，争鉴裁之别。虽否士于此时，不以蓄茶为羞，可谓盛世之情尚也。呜呼！至治之世，岂惟人得以尽其材，而草木之灵者，亦得以尽其用矣。偶因暇日，研究精微，所得之妙，人有不自知为利害者，叙本末列于二十篇，号曰《茶论》。

煎茶图式　酒井忠恒/编，松谷山人吉村/画，1865年

人跟植物不一样。人是脑袋冲上，往高处长，越长越高；植物却把根扎在地上，往土里扎，越扎越深。虽然说人不同于植物，但是人又离不开植物。不管你是王侯将相还是升斗小民，也不管你是在和平年代还是在战争岁月，饿了都要吃粮食吧？粮食从哪儿来？从植物身上来；冷了都要加衣服吧？衣服从哪儿来？还是从植物身上来。这个道理谁都懂，连文盲都懂，连小孩子都懂。

茶也是植物，奇怪的植物，一不能充饥，二不能御寒，好像没什么用，实际上却有大用。这种植物生在江南，长在山川，吸天地之灵气，汲日月之精华，它的功效无与伦比。当你着急上火的时候，一碗茶冲下去，火气就消了；当你抓耳挠腮的时候，一碗茶冲下去，灵感就来了。由此可见，茶是有灵性的，也是有神性的，可惜庸夫俗子并不懂得这个道理。就算他们懂得，也不一定能跟茶结缘。为啥？因为喝茶需要条件，首先要填饱肚子，其次要拥有闲暇，假如碰上兵荒马乱，人人都急着逃命，哪还有工夫去喝茶啊！

自从本朝建立，天下好茶辈出，特别是产自福建建安的贡茶，被能工巧匠制成龙团，制成凤饼，造型优美，茶香醇厚，真是不可多得的精品。另一方面，本朝太祖、太宗励精图治，真宗、神宗善于守成，到了今天，刀枪入库，马放南山，人民群众安居乐业，大家都过上了好日子。一有好茶，二有好日子，喝茶的好时代终于来临了。

目前我朝的茶艺已经达到了巅峰，论制茶之精，论点茶之妙，以往任何一个朝代都比不了。与此同时，本朝喝茶的人数肯定也是空前的，上至朝廷官吏，下至普通百姓，几乎人人都在喝茶。不光喝茶，现在社会上还流行斗茶，流行比赛，比赛谁的茶叶最香醇，谁的茶具最精致，谁点茶的手艺最高超。一个人如果不喝茶，一个家庭如果不藏茶，简直都不好意思出门，这可真是太平盛世的好风气啊！

太平盛世既要做到人尽其用，也要做到物尽其用。换句话说，既要把人才放到合适的位置，又要把茶的妙用发挥到淋漓尽致。忝为人君，选拔人才是我的责任，研究茶叶则是我的爱好。由于我爱茶，所以我懂茶，不敢说懂得很多，一点儿心得体会还是有的，为了不让后世茶人在制茶与喝茶的道路上误入歧途，我在空暇之日精心研究茶叶将所获心得体会写下来。列为二十篇，并给它们取一个总名，就叫《茶论》吧。

地　产

植产之地，崖必阳，圃必阴。盖石之性寒，其叶抑以瘠，其味疏以薄，必资阳和以发之；土之性敷，其叶疏以暴，其味强以肆，必资木以节之（今圃家皆植木，以资茶之阴）。阴阳相济，则茶之滋长得其宜。

我先说怎样种茶。

茶树的种植范围很广，山上石头缝里可以种茶，山下庄稼地里也可以种茶。如果在山上种植，一定要选向阳的地方；如果在山下种植，一定要选背阴的地方。因为山上的石头比较贫瘠，不能给茶树提供足够的营养，假如再不向阳的话，发出来的茶芽会特别单薄，茶味会很淡。而山下的泥土对茶树而言又过于肥沃了，假如不背阴，茶叶生长过快过猛，来不及培植精华。所以说，在山上种茶要用阳光来促进生长，在山下种茶要用阴凉来节制生长（现在很多茶园里除了茶树，还生长着其他树木，就是为了给茶树遮阴），阴与阳互济如此相宜才有可能培育出适合我们需要的优良茶树。

天　时

茶工作于惊蛰，尤以得天时为急。轻寒，英华渐长，条达而不迫，茶工从容致力，故其色味两全。若或时旸郁燠，芽甲奋暴，促工暴力随槁，晷刻所迫，有蒸而未及压，压而未及研，研而未及制，茶黄留渍，其色味所失已半。故焙人得茶天为庆。

种茶讲究地利，制茶则讲究天时。什么时候最适合制茶？惊蛰前后。惊蛰属于早春，天气刚刚回暖，还有点儿冷，茶芽刚刚发出来，长得很慢，不会突然一下子长成老叶，可以慢慢地采摘和制茶，工匠们从从容容就把活儿完成了。要是等到暮春时节，温度骤然升高，茶叶疯了似的生长，这时候监工的就急了。监工一急，工匠就得赶时间，加班加点采摘，没日没夜加工，不是在采茶时把茶芽弄断，就是在蒸青时把茶芽蒸烂。蒸完青还没来得及压榨呢，茶就坏了，好好的茶芽全给糟践了。俗话说，萝卜快了不洗泥，慢工才能出细活儿，制茶更是细活儿，怎么能急呢？想不急，就得在惊蛰时候开工。

采 择

撷茶以黎明，见日则止。用爪断芽，不以指揉，虑气汗熏渍，茶不鲜洁。故茶工多以新汲水自随，得芽则投诸水。凡芽如雀舌、谷粒者为斗品，一枪一旗为拣芽，一枪二旗为次之，余斯为下。茶之始芽萌则有白合，既撷则有乌蒂，白合不去害茶味，乌蒂不去害茶色。

只记住惊蛰采茶还远远不够，采茶的学问大着呢！

第一，必须在黎明时分采摘，太阳一出来就回去，别老想赶工。

第二，必须用指甲尖儿去掐，千万别用指头肚儿把它捏断，因为茶芽非常细嫩，你一捏，它就不成型了，而且皮肤上的脏东西也会渗到嫩芽里去。

第三，采茶时最好随身携带一桶干干净净的山泉，这桶水不是让你喝的，是让茶芽保鲜用的——每采一枚茶芽，就把它放到泉水里浸着，切记切记。

现在我们来给茶分分级。有的茶芽非常小，非常嫩，像麻雀的舌头、谷子的颗粒，这是最高级的茶；有的茶芽旁边已经长出一枚茶叶，这叫"一枪一旗"，又叫"拣芽"，是次一级的茶；有的茶芽旁边长出了两枚茶叶，这叫"一枪二旗"，是更次一级的茶。当然，还有的全是茶叶，没有茶芽，这种茶在贡茶里面属于下下级，不到迫不得已，不会用它做贡茶。

茶工一边采茶，还要一边检查，对茶芽进行简单处理。有些茶芽外面还包着两片嫩叶，那叫"白合"，要轻轻剥掉；有些茶芽的梗基已经氧化变暗，那叫"乌蒂"，要轻轻掐掉。如果不剥掉白合，会损害茶汤的味道；如果不掐掉乌蒂，会损害茶汤的色泽。

蒸 压

茶之美恶，尤系于蒸芽、压黄之得失。蒸太生则芽滑，故色清而味烈，过熟则芽烂，故茶色赤而不胶，压久则气竭味漓，不及则色暗味涩。蒸芽欲及熟而香，压黄欲膏尽亟止。如此，则制造之功十已得七八矣。

把茶采到家里，紧接着就要蒸青和压黄，以便去除茶的苦涩，保留它的甘香。在整套制茶工艺中，蒸青和压黄可以说是最关键的环节。

蒸青讲究火候，不能蒸得太生，也不能蒸得太熟。蒸得太轻的话，茶汤的颜色会太淡，而且茶香出不来；蒸得太熟的话，茶芽会烂掉，茶汤的颜色会发红，而且很难压制成型。

压黄讲究轻重适度，时间不能太长，也不宜过短。压榨时间过短，会残留很多水分，不耐存放；压榨时间过长，会把茶芽和茶叶里的精华也给压榨出去，水分没了，茶香也没了。

到底怎样才能把握住蒸青的火候和压黄的轻重呢？其实全靠茶工的经验。这种经验绝不是一朝一夕就能掌握的，需要不断摸索和不断总结。一旦熟悉了蒸压的火候和轻重，制茶工艺就掌握了百分之七八十了。

煎茶图式　酒井忠恒/编，松谷山人吉村/画，1865年

制　造

　　涤芽惟洁，濯器惟净，蒸压惟其宜，研膏惟热，焙火惟良。饮而有少砂者，涤濯之不精也；文理燥赤者，焙火之过熟也。夫造茶，先度日晷之短长，均工力之众寡，会采择之多少，使一日造成，恐茶过宿，则害色味。

　　蒸青之前，要求漂洗得十分干净，所有的制茶工具也要清理得干干净净。蒸青要求火候恰当，压黄要求轻重适宜，烘焙则要求用最好的炭火。什么是最好的炭火？就是没有异味，也没有烟尘，否则茶的香味和品相都会受污染、损失。成品茶一到手，如果茶汤让人感觉牙碜，那是因为制茶的时候没有洗净；如果茶砖显露出红色的裂纹，那是因为烘焙的时候炭火过猛。

　　高手制茶，向来都是当天采摘，当天蒸压，当天烘焙，当天成型，所有工序在一天之内全部完成，绝不让茶芽过夜，否则会影响到成品茶的外观和风味。

鉴　辨

　　茶之范度不同，如人之有面首也。膏稀者，其肤蹙以文；

宋茶
190

膏稠者，其理敛以实；即日成者，其色则青紫；越宿制造者，其色则惨黑。有肥凝如赤蜡者，末虽白，受汤则黄；有缜密如苍玉者，末虽灰，受汤愈白。有光华外暴而中暗者，有明白内备而表质者，其首面之异同，难以概论。要之，色莹彻而不驳，质缜绎而不浮，举之则凝然，碾之则铿然，可验其为精品也。有得于言意之表者，可以心解。又有贪利之民，购求外焙已采之芽，假以制造；碎已成之饼，易以范模。虽名氏采制似之，其肤理、色泽何所逃于鉴赏哉！

人上一百，形形色色，茶也是如此。

鉴别成品茶，要先看纹理：有的茶砖裂出细纹，那是因为压黄不够，茶膏太稀；有的茶砖皱皱巴巴，那是因为压黄过度，茶膏太稠。

然后再看颜色：有的茶砖颜色青紫，那是当天制造的，非常新鲜；有的茶砖颜色乌黑，说明采完茶没有及时加工，茶叶变了质。

我们不能完全凭借一个人的外观来判断他是好人还是坏人，同样也不能完全凭借一块茶砖的纹理和颜色来判断它是好茶还是坏茶。比方说，有的茶砖看起来非常漂亮，造型好，颜色好，洁白如玉，泛着蜡光，可是拿去一冲泡就现形了，茶汤黄兮兮的，难看又难喝；有的茶砖看起来不太起眼，颜色有些发暗，跟落了一层灰似的，可是用热水点匀以后，茶汤又稠又白，跟牛奶一样。

怎样才能判断一块茶砖是不是上等货呢？难道非要掰开揉碎泡一泡才能知道吗？也未必。根据我的经验，优质茶砖一是泛光，二是厚实，拿着沉甸甸的，轻轻敲一下，能听到清脆的金属声，这一般都是好茶。

现在市面上充斥着奸商制造的假冒伪劣茶，把好茶包在外面，把劣茶藏在里面，重新压制，真假难辨。但是只要仔细辨别，它们的密度和光泽跟正品货还是有细微区别的。关键在于留心，只要留心，一切假冒伪劣统统逃不出我们茶人的法眼。

白　茶

白茶自为一种，与常茶不同，其条敷阐，其叶莹薄，崖林之间，偶然生出，盖非人力所可致，正焙之有者不过四五家，生者不过一二株，所造止于二三銙而已。芽英不多，尤难蒸培，汤火一失，则已变而为常品。须制造精微，运度得宜，则表里昭澈，如玉之在璞，它无与伦也。浅焙亦有之，但品格不及。

本朝还有一种茶是用白茶加工的，特别稀少，很难遇见。

白茶是一种非常稀缺的茶，它的茶芽是直的，叶片是透明的。这是一种野生茶，不能人工培植，全国只有四五处出现，每处只有一两棵，每棵白茶所能制造的贡茶最多只有两三銙而已。

白茶每年发出的茶芽极少，而且不容易蒸青和烘焙，火候稍微过了点儿，它特有的清香就消失了。但是只要制造得法，可以用它制成晶莹剔透的茶砖，半透明，像璞玉一样，这是任何一种茶都比不上的。

现在能加工白茶的茶厂大多集中在福建建安的北苑，北苑附近的茶厂也能制造，但是在品质上离北苑可就差远了。

罗 碾

碾以银为上，熟铁次之，生铁者非淘炼槌磨所成，间有黑屑藏于隙穴，害茶之色尤甚。凡碾为制，槽欲深而峻，轮欲锐而薄。槽深而峻，则底有准而茶常聚；轮锐而薄，则运边中而槽不戛。罗欲细而面紧，则绢不泥而常透。碾必力而速，不欲久，恐铁之害色。罗必轻而平，不厌数，庶已细者不耗。惟再罗则入汤轻泛，粥面光凝，尽茶之色。

碾磨茶粉时需要用到茶碾。从材质上讲，现在有金茶碾、银茶碾、铁茶碾、石茶碾，我认为银茶碾用起来最适合。如果没有银茶碾，也可以用铁茶碾，但是必须用熟铁制造的茶碾，千万别用生铁。为啥？生铁表面有黑色氧化物，一旦混入茶粉里，会严重影响到茶汤的颜色。

茶碾包括碾槽和碾轮，碾槽要深，碾轮要薄，因为碾槽浅了会让茶末飞溅出去，碾轮宽了会把茶梗残留下来。另外碾茶的时候必须快而有力，尽快把茶碾碎，因为碾的时间长了，茶碾上的铁粉或者石粉一定会混入茶粉中去。

将茶砖碾成粉以后，还需要用茶罗过滤一下，把碾不碎的茶梗和粗茶过滤出去。茶罗当然是越细越好，过滤的遍数当然是越多越好。茶罗越细，过滤的遍数越多，茶粉就越细，点出来的茶汤也就越好，茶粉与热水完全交融，茶乳泛到水面上，乳白的茶汤散发着细密的珠光，非常好看。

盏

盏色贵青黑，玉毫条达者为上，取其焕发茶采色也。底必差深而微宽，底深则茶直立，易于取乳，宽则运筅旋彻，不碍击拂。然须度茶之多少，用盏之大小。盏高茶少，则掩蔽茶色；茶多盏小，则受汤不尽。盏惟热，则茶发立耐久。

茶盏的材质以陶瓷为最佳，茶盏的颜色则以青黑为最佳。本朝出产一种"兔毫盏"，釉色青黑，内壁密密麻麻全是兔毛一般的细纹，这样的茶盏造型古朴，散热很慢，同时又能衬托出茶汤的洁白和光亮。

茶盏的底要深，口要宽。盏底深，便于调制茶膏①。盏口宽，便于搅动茶筅。

茶盏的大小要适宜，视茶汤的多少而定。茶汤太少，茶盏太大，茶色显不出来。茶汤太多，茶盏太小，根本装不下。

点茶之前，最好将茶盏预热一下，这样能让茶粉和茶水迅速交融，并让茶沫长久聚集于茶汤表面，不至于很快消散。

筅

茶筅以箸竹老者为之，身欲厚重，筅欲疏劲，本欲壮而末必眇，当如剑脊之状。盖身厚重，则操之有力而易于运用；筅疏劲如剑脊，则击拂虽过而浮沫②不生。

---

① 此处"茶膏"指的是茶粉与少量热水混合而成的茶糊。宋人点茶，先注入少量热水，调出茶糊，然后再注入更多热水，使茶糊均匀稀释，进而打成茶汤。
② 宋人点茶是要打出厚厚的茶沫来的，此处的"浮沫"并非细密的茶沫，而是稀疏的水泡，水泡会影响茶沫的形成。

煎茶图式　酒井忠恒/编，松谷山人吉村/画，1865年

点茶须用茶筅，茶筅是用竹子做的，用什么竹子才好呢？我觉得凡是能加工筷子的竹子都适合加工茶筅。竹子老一些，韧一些，质地致密一些，拿来加工茶筅刚刚好。

茶筅分成筅身和筅尾两部分，筅身要坚韧而厚重，筅尾要坚韧而稀疏。我们可以把茶筅比作一棵树，筅身犹如树身，以粗壮为佳；筅尾犹如树枝，以劲直为佳，每一根筅尾都应该形如宝剑的剑脊。筅身厚重，点茶就有力，而且便于运用；筅尾稀疏、坚韧，如同剑脊，才能打出均匀的茶汤，而不会打出稀疏的水泡。

瓶

瓶宜金银，大小之制，惟所裁制。注汤利害，独瓶之口觜而已。觜之口欲大而宛直，则注汤力紧而不散；觜之末欲圆小而峻削，则用汤有节而不滴沥。盖汤力紧则发速有节，不滴沥则茶面不破。

点茶须用热水，烧水的壶叫作"汤瓶"，有多种材质，其中金汤瓶和银汤瓶比较合用。

汤瓶的容量不固定，看你准备点多少茶；点茶多，那你用大壶，点茶少，那就换小壶。

汤瓶的壶嘴非常关键，壶嘴要细，要长，还要平直。水一旦烧开，直接提着汤瓶往茶碗里注水，壶嘴又长又直又细又圆，倒茶的时候才不会水花四溅，又不会渐渐沥沥，把茶汤表面凝聚的茶沫给冲散。

杓

杓之大小，当以可受一盏茶为量，过一盏则必归其余，不及则必取其不足。倾勺烦数，茶必冰矣。

茶勺①不宜过大，它的容量最好跟茶盏差不多，倒一勺水，刚好能把茶盏注满。如果茶勺过大，水会浪费；如果茶勺过小，还需要再舀一勺，反反复复舀几回，水就凉了。

水

水以清轻甘洁为美。轻甘乃水之自然，独为难得。古人第水，虽曰中泠、惠山为上，然人相去之远近，似不常得，但当取山泉之清洁者，其次，则井水之常汲者为可用。若江河之

---

① 茶勺在这里的作用是量水和舀水，烧水点茶之前，事先用茶勺量出一碗茶的水量，从瓮中舀取等量的水，倒进水壶。

水，则鱼鳖之腥，泥泞之污，虽轻甘无取。凡用汤以鱼目、蟹眼，连绎迸跃为度，过老则以少新水投之，就火顷刻而后用。

点茶自然需要净水，除了干净，还要轻软，越轻越好，水里的杂质越少越好。

古人论茶，以中泠泉和惠山泉为第一，但是这两眼泉水离我们太远，不容易得到。在我看来，只要是干净无毒的泉水就可以了，如果没有泉水，也可以用井水。有些茶人推崇江河之水，用什么"江心水"来点茶，这真是大错特错。江河之水杂质太多，鱼鳖的粪便、腐烂的水草、腥臭的泥沙，全混在里面了，这种水怎么能用呢？就算是喝起来很软很甜也不能用它来点茶，因为太脏了。

点茶要烧水，烧到水面上咕嘟咕嘟连续泛出鱼眼和蟹眼一样的小气泡就行了。如果煮得过久，气泡会散开，水面像波浪一样上下翻腾，这时候必须加一勺凉水稍微再烧一会儿，直到再泛出鱼眼状的气泡，然后才可以点茶。

点

点茶不一，而调膏继刻，以汤注之，手重筅轻，无粟文蟹眼者，谓之"静面点"。盖击拂无力，茶不发立，水乳未浃，又复增汤，色泽不尽，英华沦散，茶无立作矣。有随汤击拂，手筅俱重，立文泛泛，谓之"一发点"。盖用汤已故，指腕不圆，粥面未凝，茶力已尽，雾云虽泛，水脚易生。妙于此者，量茶受汤，调如融胶，环注盏畔，勿使侵茶，势不欲猛，先须搅动茶膏，渐加击拂，手轻筅重，指绕腕旋，上下透彻，如酵蘗之起面，疏星皎月，灿然而生，则茶之根本立矣。第二汤自茶面注之，周回一线，急注急止，茶面不动，击拂既力，色泽渐开，珠玑磊落。三汤多寡如前，击拂渐贵轻匀，周环旋复，表里洞彻，粟文蟹眼，泛结杂起，茶之色十已得其六七。四汤尚啬，筅欲转稍宽而勿速，其真精华彩，既已焕然，轻云渐生。五汤乃可少纵，筅欲轻盈而透达，如发立未尽，则击以作之，发立已过，则拂以敛之，然后结霭，凝雪，香气尽矣。六汤以观立作，乳点勃然，则以筅箸居缓绕拂动而已。七汤以分轻清重浊，相稀稠得中，可欲则止，乳雾汹涌，溢盏而起，周回凝而不动，谓之"咬盏"，宜均其轻清浮合者饮之。《桐君录》曰：茗有饽，饮之宜人。虽多不为过也。

点茶没有固定不变的方法，关键在于调膏和注水。什么是调膏？就是把茶粉放到盏底，先加少许热水，用茶筅搅匀，搅得跟很稠很稠的米糊似的。调出茶膏，紧接着要注入更多的热水，同时用茶筅搅拌敲击，让茶糊迅速稀释。

有一种错误的点茶法叫"静面点"，点出来的茶汤平铺直叙，没有一点儿云脚，虽然也能形成茶沫，但是茶沫太小，没有像谷粒和蟹眼一样细密的纹路。这是因为搅拌的速度太慢，动作太轻，茶沫没有堆积起来。

还有一种错误的点茶法叫"一发点"，茶汤表面现出了纹路，但是稍瞬即逝，不能持久。这是因为搅拌时手太重了，茶筅又太慢了。

正确的点茶法是这样的：调出茶膏，开始续水，续水的速度先慢后快，搅拌的力度先轻后重，熟练地运用腕力和指力，往同一个方向旋转着搅拌，一边搅拌，一边上下敲击。如此点茶，茶汤才是均匀的，茶乳才会浮到最顶层，茶汤表面才会形成久久不散的细点和花纹，就像盛夏之夜的星空一般好看。当然，不但好看，而且还特别好喝。

为了打出完美的茶沫，注水需要分七次完成。

第一次续水（第二汤）应该直接注向茶盏的中央，水流的方向跟茶汤表面相垂直，一边注水，一边旋转水壶的壶嘴，注水要急，收壶要猛，搅拌要用力，使茶汤颜色从淡到浓，像一粒粒珍珠泛出水面。

第二次续水（第三汤），搅拌一样要用力，但是注水的力度要轻，先注盏底，再注四周，好像用水流在茶盏里画出一系列大小不等的同心圆一样。这时候茶汤的颜色已经没有第二盏那么浓了，茶汤的纹路从碗底泛出水面，细如谷粒，大如蟹眼。

第三次续水（第四汤）要少，半盏即可，搅拌要慢，使茶汤表面呈现出云雾一般的纹理。

第四次续水（第五汤），水量可以增加，搅拌速度要更慢，贴着盏底搅，如果盏底的茶糊泛不上来，就用茶筅上下敲击；如果盏底的茶糊全泛上来了，就用茶筅在茶汤表面来回搅动，使茶糊均匀融合，调出的茶汤会呈现出雾霭一般的纹路、积雪一般的光泽。

第五次续水（第六汤）之后，别急着搅，视茶糊的形状而定，如果像结了块的牛奶，星星点点散布水面，就用茶筅或者筷子转着圈儿搅动，可以顺时针，也可以逆时针，直到茶糊完全散开。

第六次续水（第七汤）是最后一次，此时没有固定手法，全看盏底茶糊的剩余量和茶汤的浓度而定，如果茶汤仍然很浓，茶筅搅拌费力，俗称"咬盏"，那就另外点一盏较淡的茶汤，跟这盏浓茶混合一下。

无论多么爱茶的人，喝完这七盏茶汤也就差不多了。记得《桐君录》上说过：茗有饽，饮之宜人。虽多不为过也。茶可以泡出浓浓的泡沫，那对人体是有益的，但是再有益的东西也不宜饮用太多。

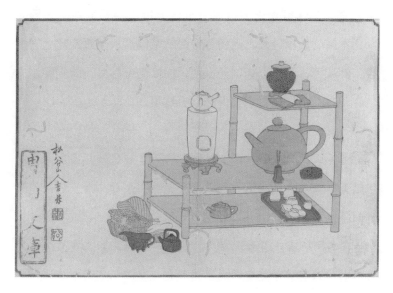

煎茶图式　酒井忠恒/编，松谷山人吉村/画，1865年

味

　　夫茶以味为上。甘香重滑，为味之全，惟北苑、壑源之
品兼之。其味醇而乏风膏者，蒸压太过也。茶枪乃条之始萌
者，木性酸，枪过长，则初甘重而终微锁涩；茶旗乃叶之方敷
者，叶味苦，旗过老，则初虽留舌而饮彻反甘矣。此则芽鸹有
之，若夫卓绝之品，真香灵味，自然不同。

　　喝茶喝的是味道，什么样的茶味才是最好的？因人而异。
不过大多数人都认同这一点：又甜又香，又厚又滑，这才是最
好的茶味。

　　在本朝所有产茶之地当中，能同时达到又甜又香又厚又滑
要求的，只有位于建安的凤凰山北苑与壑源山这两个地方，别
的地方都不行。

　　有的茶很香很甜，可是不够醇厚，那是因为蒸青过熟、压
黄过度，导致茶芽里的精华流失太多的缘故。茶芽是没有开
面的茶叶，俗称"茶枪"，它的味道是甜中带酸，酸中又带
涩。如果纯用茶枪来制茶，刚开始喝起来会很甜，但是喝到
最后会感到苦涩。茶枪开面以后叫作"茶旗"，它的味道苦
涩，特别是老叶就更苦了，但是用老叶制成的茶先苦后甜，回

甘迅猛。不过我说的都是用普通茶叶制成的茶砖，不能一概而论，像那些非常罕见的珍稀茶种，茶枪与茶旗都能独当一面，都能做出香醇甘滑的好茶。

香

茶有真香，非龙麝可拟。要须蒸及热而压之，及干而研，研细而造，则和美具足，入盏则馨香四达，秋爽洒然。或蒸气如桃仁夹杂，则其气酸烈而恶。

茶的香味非常独特，跟麝香的香和龙涎香的香都不一样，我把这种香味称为"真香"。要想让茶的真香散发出来，就需要把好采茶与制茶的每一道关口，蒸青要到位，压黄要到位，烘焙要恰到好处，烘干之后再研磨成细细的茶粉，然后才可以点成香气扑鼻、纹路清爽的好茶。但是如果蒸青不熟，会有桃仁气味夹杂进去，点出茶来真是又酸又苦，难以下咽。

色

点茶之色，以纯白为上真，青白为次，灰白次之，黄白又次之。天时得于上，人力尽于下，茶必纯白。天时暴暄，芽萌狂长，采造留积，虽白而黄矣。青白者蒸压微生，灰白者蒸压过熟。压膏不尽，则色青暗。焙火太烈，则色昏赤。

茶汤的颜色以纯白为最佳，其次则以青白为美，再其次以灰白和黄白为美，其他颜色都不足取。

怎样才能保证茶汤纯白呢？需要天时、地利、人和。茶树的品种要优良，此之谓天时。茶树生长的地段要适宜，此之谓地利。制茶和点茶的工艺要科学，此之谓人和。采茶不及时，蒸青不及时，茶汤会泛黄。蒸青过熟，压黄过猛，茶汤会发灰。蒸青过生，压黄过轻，茶汤会发青。而如果烘焙时间太长的话，茶汤又会发红。

藏　焙

数焙则首面干而香减，失焙则杂色剥而味散。要当新芽初生即焙，以去水陆风湿之气。焙用熟火置炉中，以静灰拥合七分，露火三分，亦以轻灰糁覆，良久即置焙土上，以逼散焙中润气。然后列茶于其中，尽展角焙之，未可蒙蔽，候火通彻覆之。火之多少，以焙之大小增减。探手中炉，火气虽热，而不至逼人手者为良。时以手挼茶，体虽甚热而无害，欲其人力通彻茶体耳。或曰：焙火如人体温，但能燥茶皮肤而已。内之余润未尽，则复蒸暍矣。焙毕，即以用久漆竹器中缄藏之，阴润勿开，终年再焙，色常如新。

茶砖制成以后，如果要长期存放，必须时不时地拿出来用炭火焙一焙，以免变质。焙茶次数过多，茶砖表层的油脂被烤干，茶香会减弱；该焙茶的时候不焙烤，茶砖又会变色，茶味也会变得单薄。新茶刚出，最好先焙一次，去去内外的潮气。

焙茶对炭火最为讲究：把木炭燃着，放到炉子里，先让它慢慢燃烧，烧到没有一点儿烟气的时候，再找一盆白色的炭灰，均匀地压在炭火之上，炭灰的厚度约有七分厚，使明火最多出露三分，然后再覆盖上一层薄薄的炭灰，最后才能把装有茶砖的焙笼架上去烘焙。烘焙的时候及时调整焙笼的角度，使每一枚茶砖都能接触到同样的火力，待到茶砖内外干透，立即封住炭炉，停止烘焙。炭的多少取决于焙茶的多少，需要烘焙的茶砖多，就多备一些炭，否则就少备一些，以免浪费。火的热度不宜高，把手伸进炉中，能感到热，但不至于把手烧伤。将手烤热以后，最好用手翻动茶砖，通过手的热度来给茶砖加热，以便缩短焙茶的时间。

有人说：焙茶的温度不宜过高，像人的体温一样就可以了。我觉得这种说法很有道理。不要担心炭火温度过低，焙不透的话，再焙一次就可以了。焙完了，用干透并漆过的竹制茶罐来存放，阴雨天气不要取用，以免受潮。到了天气干燥的时候，别忘了再拿出来焙一焙，每年烘焙两次以上，茶不会变质，永远跟新茶一样。

品　名

名茶各以所产之地。如叶耕之平园、台星岩，叶刚之高峰、青凤髓，叶思纯之大岚，叶屿之眉山，叶五崇林之罗汉、山水、叶芽，叶坚之碎石窠、石臼窠，叶琼、叶辉之秀皮林，叶师复、师贶之虎岩，叶椿之无双岩芽，叶懋之老窠园，各擅其门，未尝混淆，不可概举。前后争鬻，互为剥窃，参错无据，曾不思茶之美恶，在于制造之工拙而已，岂岗地之虚名所能增减哉？焙人之茶，固有前优而后劣者，昔负而今胜者，是亦园地之不常也。

本朝茶品甚多，琳琅满目，产地也有很多很多。

福建凤凰山以叶姓茶园最为有名，例如叶耕的平园和台星岩，叶刚的高峰和青凤髓，叶思纯的大岚，叶屿的眉山，叶五（又名叶崇朴）的罗汉、山水和叶芽，叶坚的碎石窠和石臼窠，叶琼、叶辉的秀皮林，叶师复和叶师贶兄弟俩的虎岩，叶椿的无双岩芽，叶懋的老窠园，等等，不下十余处。

这些叶姓茶园本来各有各的特色，各有各的手艺，后来恶性竞争，互相剽窃，现在已经分不清真正的产地和源头了。其实茶品的质量关键是选茶的态度和制造的工艺来决定的，光靠产地和品牌有什么用呢？就拿我前面提到的那些叶姓茶园来说吧，有的过去造不出好茶，现在能造了；有的过去茶品优越，现在却非常低劣。茶园没有变化，茶品变了，说明产地并不代表一切。

外　焙

世称外焙之茶，衙小而色驳，体耗而味淡，方之正焙，昭然可别。近之好事者，箧笥之中，往往半之蓄外焙之品。盖外焙之家，久而益工，制造之妙，咸取则于壑源，效像规模，摹主为正。殊不知至衙虽等而蔑风骨，色泽虽润而无藏蓄，体虽实而膏理乏缜密之文，味虽重而涩滞乏馨香之美，何所逃乎外焙哉？虽然，有外焙者，有浅焙者。盖浅焙之茶，去壑源为未远，制之虽工，则色亦莹白，击拂有度，则体亦立汤，虽甘重香滑之味，不远于正焙耳。至于外焙，则迥然可辨。其有甚者，又至于采柿叶、桴榄之萌，相杂而造。味虽与茶相类，点时隐隐有轻絮泛然，茶面粟文不生，乃其验也。桑苎翁曰：杂以卉莽，饮之成病。可不细鉴而熟辨之。

目前建安茶分为两种，一种叫"正焙"，一种叫"外焙"。正焙在凤凰山里，外焙在凤凰山外。人们常说外焙在质量上不如正焙，茶砖的个头太小，颜色也太杂，茶味比较单薄，这种说法基本上是对的。

但是我们必须注意到，外焙也有它的优势，首先是价格便宜，其次是容易买到。外焙也在不停地学习和改进，近些年外焙的某些产品几乎已经能跟正焙相媲美了，所以有些得不到正焙的茶人喜欢用外焙的茶砖来冒充正焙。

在我看来，外焙的美誉度之所以不如正焙，主要还不是因为手艺不行，而是因为奸商太多，败坏了外焙的名声。某些人为了降低成本，竟然用柿叶冒充茶叶，用苦丁树的叶子冒充茶叶，你买一块茶砖，里面一半是柿叶和苦丁叶，闻着味道跟茶叶差不多，点茶的时候却能泡出一坨像棉絮一样的东西。

茶圣陆羽当年说过：茶叶必须干净，不能掺入假货，否则喝了会闹肚子的。为了不闹肚子，以后大家买茶的时候还是擦亮眼睛吧。